普通高等教育"十四五"规划教材

C语言程序设计
实训教程

主　编◎龚义建　姚　远　黄玉兰

副主编◎黄文文　卢云霞　邹　静

U0180165

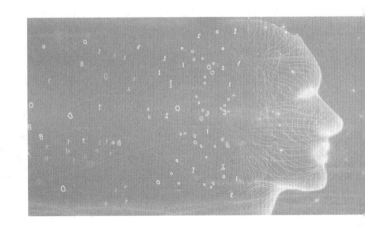

华中科技大学出版社
http://www.hustp.com
中国·武汉

图书在版编目（CIP）数据

C 语言程序设计实训教程/龚义建,姚远,黄玉兰主编.—武汉：华中科技大学出版社,2022.2
ISBN 978-7-5680-7939-6

Ⅰ.①C… Ⅱ.①龚… ②姚… ③黄… Ⅲ.①C 语言-程序设计-教材 Ⅳ.①TP312.8

中国版本图书馆 CIP 数据核字（2022）第 019530 号

C 语言程序设计实训教程
C Yuyan Chengxu Sheji Shixun Jiaocheng

龚义建　姚　远　黄玉兰　主编

策划编辑：聂亚文

责任编辑：史永霞

封面设计：孢　子

责任监印：朱　玢

出版发行：华中科技大学出版社（中国·武汉）　　　电话：（027）81321913
　　　　　武汉市东湖新技术开发区华工科技园　　　邮编：430223

录　　排：武汉创易图文工作室

印　　刷：武汉市首壹印务有限公司

开　　本：787mm×1092mm　1/16

印　　张：10.25

字　　数：276 千字

版　　次：2022 年 2 月第 1 版第 1 次印刷

定　　价：30.00 元

前言

本书共分为四个部分。

第一部分:C 语言实验指导。

实验内容包括两大块。第一块是分析与验证。初学者的实践往往是从学习现有的程序源代码开始的,选用由浅入深又能覆盖教材章节知识点的实验案例源代码尤为重要。初学者对于编程的困惑往往集中在对代码的理解上,分析与验证的设计目的就是提供更为详细的内容,以带领性的方式去引导实践者,进一步了解代码的逻辑,理解知识点。第二块是编程题,学习语言最直接的目的是提高编程能力,所以编程题要求学生在第一块能较好完成的情况下开始,这样循序渐进,符合编程语言的常规学习曲线。

第二部分:C 语言常见解题算法与实现。

该部分安排在学生完成 C 语言实验指导之后、进行课程设计之前,所以题目的难度介于二者之间,为学生提供一个极为重要的、自主学习的实践环节。该部分选取的题目基本覆盖了 C 语言的各个基本知识点,对于这些题目我们提供了部分分析和解题步骤,学生在完成这些较为综合的题目之后,编程能力将会上一个台阶,为后续顺利完成课程设计提供强有力的支持和技术基础。

第三部分:C 语言课程设计。

C 语言的课程设计在高校的基础课教学实践环节中,往往只重视编码,对于设计思路的阐述、测试数据的设计和分析等均重视不够。该部分在提供课程设计题目之前,对课程设计提供了一系列细化的要求,这些要求的制定来源于软件工程方法学的纲领性指导文件,同时结合了企业中软件开发的质量要求,能让学生在进行编程基础课的课程设计时了解行业内软件的制作模式,真正认识软件开发世界。

第四部分:C 语言考试试题及解析。

对于 C 语言学习的检验,编者建议按照学生的实践能力进行评分。但为了照顾有些学生的考级要求,本书提供了一些试题及其解析。建议学习者在完成每道题目后,能使用开发工具来检验并剖析每道题的答案,达到梳理知识点、巩固和提高编程技术的目的。

目录

CONTENTS

第一部分

C语言实验指导

1. 课程性质和任务

C 语言程序设计是高校计算机及其相关专业的必修基础课程,程序设计入门课程都首选 C 语言。

对 C 语言课程的学习,可使学生掌握 C 语言程序设计的基本知识、程序结构、基本算法及程序设计思想,培养学生使用 C 语言进行程序设计和程序调试的基本能力,并提升学生解决实际问题的能力。

2. 实验目的与要求

程序设计是一门实践性很强的课程,上机操作是该课程必不可少的实践环节。学生在学习程序设计时,在很大程度上是通过上机实验和大量练习来掌握其基本概念和基本方法的。

上机实验不仅是为了验证教材和授课内容,或者验证自己所编写的程序正确与否,也是为了锻炼和培养学生实际操作技能和解决实际问题的能力。要求学生通过上机实验,加深对 C 语言本身的理解,得到程序设计方法和技巧的实际训练,熟悉 C 语言程序的设计、调试和运行方法,了解用 C 语言进行程序设计和调试的全过程,掌握 C 语言程序设计的基本方法,从而能真正利用 C 语言解决编程应用问题。

对学生上机实验有以下几点建议:

(1)按照实验指导书以及指导老师的要求,认真进行上机操作。上机实践可以加深对理论课内容的理解,尤其是对 C 语言的语法规则的掌握,非常重要。对于一些枯燥且难以记忆的基本概念和重要知识点,通过多次上机,就能自然地、熟练地掌握。通过上机来掌握语法规则也是行之有效的方法。

(2)加强上机调试程序练习。在上机调试程序过程中,学会检查和发现程序中的语法和逻辑错误,并且能很快地排除这些错误,使程序能正确运行。上机调试程序的过程,也是实践经验累积的过程。经验丰富的人,当编译出现"出错信息"时,能很快地判断出错误所在并改正;而缺乏经验的人,即便在明确的出错提示下也往往找不出错误而束手无策。

(3)在上机实验中,要踏踏实实、一步一步认真练习,要"心静"。实验操作时最忌讳的是浮躁,遇到问题一定要仔细分析和思考,不可随便就放弃。程序顺利执行就自认为完成任务,不去认真总结经验也是不利于学习的。调试程序得到的经验有些只能"意会",难以"言传",调试程序的能力是每个程序设计人员应当掌握的一项基本功。

(4)上机实验中可采用"模仿—改写—编写"三部曲的训练方法,不断提高分析问题和解决问题的能力。在上机实验时,对于调试成功的程序,可在已通过的程序基础上做一些改动(例如修改一些参数、增加一些功能、改变输入数据等),再进行编译、连接和运行,甚至于"自设障碍",即把正确的程序改为有错的(例如漏写 scanf 函数中的"&"符号,使数组下标出界,使整数溢出等),观察和分析所出现的情况。这对于提高自己分析问题和解决问题的能力是大有帮助的。采用灵活主动的学习方法,才会真正收获知识和体会编程的乐趣。

3. 实验报告的撰写

实验报告是把实验的目的、方法、过程、结果等记录下来,经过整理,写成的书面文件,是对每次实验知识点的梳理和总结,也是教师考核和检测学生上机实验情况的主要依据。

实验报告一般包括以下内容：

(1)实验项目名称。

(2)实验目的。

(3)实验内容：上机过程中的实验步骤。

(4)算法：实验过程中所涉及程序的算法。

(5)源程序代码。

(6)运行结果。

(7)实验总结和分析：主要是对所学章节知识点的总结，注意记录重要的编译、连接时遇到的错误提示，分析错误，仔细思考出错原因。

实验一　认识 C 语言

◆　一、实验目的

(1)掌握编译系统 VC++6.0 的启动、退出等操作。

(2)熟练掌握在 VC++6.0 编译环境下新建、打开、编辑、保存、编译、连接和运行一个 C 程序,了解常见的错误信息,快速定位出错行,掌握查看程序运行结果等基本操作。

(3)通过运行简单的 C 程序,初步了解 C 源程序的特点和结构。

◆　二、实验内容

(一)分析与验证

在进行具体实验内容之前,请阅读下列注意事项:

(1)在 VC++6.0 中进入 C 语言源程序的编辑界面步骤较多,注意建立正确的工程名和文件名。

(2)应为源程序建立一个合适的目录,以方便日后查找。

(3)了解 C 语言的基本语法结构,比如源程序必须包含♯include＜stdio.h＞预处理命令,括号成对使用,每条语句以分号结束等。

(4)双击错误行便可定位出现问题的源代码。通常每次改正一个错误就需要再次编译程序。

(5)应切换到英文半角状态下进行程序代码的输入。

进入 VC++6.0 编程环境及代码编辑窗口的步骤为:

(1)从桌面开始菜单打开并进入 VC++6.0。

(2)单击"文件"菜单→"新建"命令,打开"新建"对话框。

(3)在"文件"选项卡中,选择"C++ Source File"选项。

(4)在右侧的"文件名"文本框中输入 C 程序文件名(以.c 或.cpp 作为文件的后缀名)。

(5)在右侧的"位置"文本框中给出所建文件的路径。

(6)单击"确定"按钮,即可在程序编辑窗格输入源程序。

如图 1-1 所示,这样就进入了代码编辑窗口。

图 1-1　工作界面

【例1】 编程实现在屏幕上显示三行文字,运行结果如图 1-2 所示。

图 1-2 例 1 程序运行结果

程序代码如下:

```
# include< stdio.h>
void main()
{
    printf("hello world! \n");
    printf("hello everybody! \n");
    printf("welcome to the C language world! \n");
}
```

编译、连接无错误后,执行便可得到图 1-2 所示的结果。

思考:

(1)程序中的\n 起什么作用? 去掉后再次运行程序会得到什么结果?

(2)为什么要用三个 printf 函数来输出三行文字信息,一个 printf 函数行不行?

(3)查阅转义字符的相关资料,在屏幕上输出由星号"＊"组成的各种形状,例如图 1-3 所示。

图 1-3 形状示例

注意:在编写第二个源程序之前一定要在文件菜单中关闭工作空间,然后再重复新建、输入程序、运行等步骤。

【例2】 编写程序求两个数的和。

程序代码如下:

```
# include< stdio.h>
void main()
{
    int a,b,sum;
    a= 123;b= 456;
    sum= a+ b;
    printf("sum is % d\n",sum);
}
```

运行程序,写出运行结果。

思考：

(1)为什么要关闭工作空间后才能开始编写第二个程序？若不然会出现什么错误提示信息？

(2)程序中%d的含义是什么？

(3)printf函数中出现两处sum，分别代表什么？

(4)printf函数中引号中的字符sum is能否删掉，或者替换成中文"和是"？尝试改写并运行程序，理解并分析结果。

(5)如果你为一个旁观者，直接看到程序运行结果，会有什么疑问？程序在哪些方面还可以修改得更完善？

(二)编程题

要求程序有良好的可读性以及易于理解的结果。

(1)编程实现：将实型常量3.5分别赋值给单精度实型变量和双精度实型变量，然后将其正确输出。（变量名请自行设计。）

(2)编程实现：求三个数的和。变量名可以自行定义，须符合标识符的命名规则，并以"知名达意、易于理解"为原则。

(3)编程改错：为变量x,y,z赋初值2.5，然后在屏幕上打印这些变量的值。程序中存在错误，请改正错误，并写出程序的正确运行结果。

```c
# include< stdio.h>
void main()
{
    printf("These values are:\n");
    int x= y= z= 2.5;
    printf("x= % d\n",x);
    printf("y= % d\n",y);
    printf("z= % d\n",z);
}
```

实验二 顺序结构程序设计

◆ 一、实验目的

（1）初步培养解决问题的编程意识和独立调试程序的能力，理解数据测试的必要性。

（2）掌握 C 语言的数据类型，熟悉如何定义一个整型、实型和字符型变量，以及对它们赋值的方法，了解以上常见数据类型在输入输出时所使用的格式控制符。

（3）学会使用 C 语言的有关算术运算符，以及包含这些运算符的表达式，特别注意理解自增（＋＋）和自减（－－）运算符的含义及使用方法。

（4）进一步熟悉 C 语言程序的编辑、编译、连接和运行的全过程。

◆ 二、实验内容

在进行实验内容之前，请先阅读如下要求和注意事项。

1. 要求

（1）提前复习配套教材第 2 章的内容。

（2）实验测试数据要求从键盘输入。应尽力完善程序，比如若要求从键盘输入数据，应当在输入函数之前写出输出字符串，提示用户正确输入数据；另外输出时要求有合适的文字说明。

（3）在 VC++6.0 下完成程序的编辑、编译、运行，获得程序结果。如果结果有误，应找出错误原因，弄清楚是语法错误还是逻辑错误，并且改正。

（4）掌握输出和输入函数的操作及格式符的作用，必要时可以借助网络查阅资料。

2. 注意事项

（1）基本数据类型数据在输出时由格式控制符控制，应注意输出列表与格式控制符一一对应的关系。

（2）自增自减运算符可以写在变量之前或之后，构成前缀或后缀运算，注意它们的区别。

（3）赋值运算符在对变量进行初始化时不能连续赋值，注意复合赋值运算符的用法。

（4）C 语言变量要先定义后使用，变量名对大小写敏感。

（5）使用 scanf 函数输入数据时，变量应当使用取地址运算。

（6）scanf 函数格式字符串中的普通字符要原样输入，否则会发生错误。

（一）分析与验证

【例 1】 字符型数据的定义及输出。

程序代码如下：

```
# include< stdio.h>
void main()
{
    char c1,c2;
    c1= 97;c2= 98;
    printf("% c,% c\n",c1,c2);
}
```

运行程序,写出运行结果。

思考:

(1)97,98 代表字符型(char)变量 c1 和 c2 对应的 ASCII 码,在程序的末尾增加一条语句 printf("%d,%d",c1,c2),编译运行,分析结果。

(2)将程序中的 char 改为 int,编译运行,分析结果。

(3)对比改写前后的运行结果,理解 C 语言在整型和字符型数据之间的转换原则。

【例 2】 编写程序完成摄氏温度和华氏温度的转换。摄氏温度和华氏温度的转换公式为 $C=\dfrac{5}{9}(F-32)$,C 为摄氏温度,F 为华氏温度。温度计如图 1-4 所示。

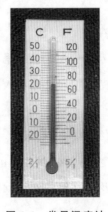

图 1-4 常见温度计

程序代码如下:

```
# include< stdio.h>
void main()
{
    double C,F;
    F= 122;
    C= 5.0/9* (F- 32);
    printf("转换后的摄氏温度为% f",C);
}
```

运行程序,写出运行结果。

思考:

(1)将程序中计算温度公式中的 5.0 改为整数 5,运行程序,思考结果。

(2)C 语言是否对大小写敏感? 将最后一行的大写字母 C 改为小写字母 c,运行程序,查看结果。

(3)%f 的含义是什么? 若将其改为%d,运行程序后结果会变成什么? 结合例 2 思考其中的规律。

【例 3】 自增自减运算符示例。

程序代码如下。

```
# include< stdio.h>
void main()
{
    int i,j,m,n;
    i= 8;j= 10;
    m= + + i;
    n= j+ + ;
    printf("% d,% d,% d,% d\n",i,j,m,n);
}
```

运行程序,结果如图 1-5 所示。

图 1-5   例 3 程序运行结果

思考:

(1)注意自增、自减符号出现在变量之前和之后的运算结果会不一样,估计 m 和 n 的取值,并查看运行结果,比较和自己的估值有无出入。

(2)将程序中的"m=++i;n=j++;"改为"m=i++;n= ++ j;",编译运行,查看结果,并分析原因。

(3)将程序按如下代码做改动后,编译运行并分析结果。

```
# include< stdio.h>
void main()
{
    int i,j;
    i= 8;j= 10;
    printf("% d,% d\n",i+ + ,j+ + );
    i= 8;j= 10;
    printf("% d,% d\n",+ + i,+ + j);
}
```

(4)将程序按如下代码做改动后,编译运行并分析结果。

```
# include< stdio.h>
void main()
```

```
    {
        int i,j,m= 0,n= 0;
        i= 8;j= 10;
        m+ = i+ + ;
        n- = - - j;
        printf("i= % d,i= % d,m= % d,n= % d\n",i,j,m,n);
    }
```

（二）编程题

要求程序有良好的可读性以及易于理解的结果。

（1）编程实现：已知圆半径 r＝3,圆柱高 h＝5,求圆周长 s 和圆柱体积 v。公式为 s＝2π×r,v＝π×r^2×h。注意不同数据类型在输入输出函数中与格式控制符之间的对应关系。

（2）输入一个三位数,依次输出该数的符号和百位、十位、个位数字。如：输入－345＜CR＞,输出 － 3 4 5。

（3）我国第七次全国人口普查结果显示,全国人口共约 141178 万人,而 2010 年第六次全国人口普查结果是约 133972 万人,请编程计算,年平均增长率是多少,假设自然增长率为2％,求到 2030 年我国人口为多少。要使我国人口到 2050 年底不超过 16 亿人,那么人口增长率最多为多少?

实验三 选择结构程序设计

◆ 一、实验目的

(1)理解逻辑量的表达(以 0 代表"假",以非 0 代表"真")。

(2)掌握关系运算和逻辑运算,学会正确使用逻辑运算符和逻辑表达式。

(3)熟练掌握 if 语句的使用。

(4)熟练掌握多分支选择语句——switch 语句。

(5)掌握分支语句的嵌套。

(6)正确使用 break 语句。

(7)学习调试程序的方法。

◆ 二、实验内容

(一)分析与验证

if 语句实现了选择分支结构,当一个程序代码中出现多个 if 语句时,程序"行走"不同的分支会得出不同的结果。通过下面实验中测试数据的选择和运行结果的分析,熟悉 if 语句的应用。

【例 1】 有一个函数:

$$y=\begin{cases} x & (x<1) \\ 2x-1 & (1\leqslant x<10) \\ 3x-11 & (x\geqslant10) \end{cases}$$

写出相应程序,输入 x 的值,输出 y 相应的值。

分析:用 scanf 函数输入 x 的值,求 y 值。运行程序,输入 x 的值,检查输出的 y 值是否正确。

程序代码如下:

```c
# include< stdio.h>
void main()
{
    int x,y;
    printf("输入 x:");
    scanf("% d",&x);
    if (x< 1)
    {
        y= x;
        printf("x= % 3d,y= x= % d\n",x,y);
    }
    else if(x< 10)
```

```
        {
            y= 2* x- 1;
            printf("x= % d, y= 2* x- 1= % d\n",x,y);
        }
        else
        {
            y= 3* x- 11;
            printf("x= % d, y= 3* x- 11= % d\n",x,y);
        }
    return 0;
}
```

设计测试数据,分析程序的执行顺序,写出运行结果并根据程序运行结果进行验证。

【**例 2**】 从键盘输入一个小于 1000 的正数,要求输出它的平方根(如平方根不是整数,则输出其整数部分)。

分析:编写程序,用 scanf 函数输入这个正数的值。

程序代码如下:

```
# include< stdio.h>
# include< math.h>
# define M 1000
void main()
{
    int i,k;
    printf("请输入一个小于% d的整数 i:",M);
    scanf("% d",&i);
    if((i> = 0) && (i< M))
    {
        k= sqrt(i);
        printf("% d的平方根的整数部分是% d\n",i,k);
    }
    else printf("输入的数据不符合要求,程序已退出:");
}
```

设计测试数据,分析程序的执行顺序,写出运行结果并根据程序运行结果进行验证。

【**例 3**】 已知三个数 a,b,c,找出最大值,将其放于 max 中。

分析:定义四个变量 a,b,c 和 max,a,b,c 是任意输入的三个数,max 是用来存放三个数比较结果的最大值。首先比较 a 和 b,把大数存入 max 中,a,b 都可能是大值,用 if-else 语句来实现。接着比较 max 和 c,把最大数存入 max 中,用 if 语句实现。max 即为 a,b,c 中的最大值。

程序代码如下:

```
# include < stdio.h>
void main()
{
    int a,b,c,max; /* 定义四个整型变量* /
    scanf("a= % d,b= % d,c= % d",&a,&b,&c);
    if (a> = b)
        max= a; /* 把 a 作为大数存入 max 中* /
    else
        max= b;/* 把 b 作为大数存入 max 中* /
    if (c> max) /* 如果 c 比 max 大,则将 c 作为大数存入 max 中* /
        max= c;
    printf("max= % d",max);
}
```

若输入下列测试数据,请分析程序的执行顺序,写出运行结果并根据程序运行结果进行验证。

(1)a=1,b=2,c=3;

(2)a=2,b=1,c=3;

(3)a=3,b=2,c=1;

(4)a=3,b=1,c=2;

(5)a=3,b=3,c=2;

(6)a=2,b=1,c=2。

【例 4】 关于身高预测值计算的问题。

每个做父母的都关心自己孩子成人后的身高,有关生理卫生知识与数理统计分析表明,影响小孩成人后身高的因素有遗传、饮食习惯与坚持体育锻炼等。小孩成人后身高与其父母身高和自身性别密切相关。

设 faHeight 为其父身高,moHeight 为其母身高,身高预测公式为:男性成人时身高＝(faHeight ＋ moHeight)×0.54(单位:cm),女性成人时身高＝(faHeight×0.923＋moHeight)/2(单位:cm)。

此外,如果喜爱体育锻炼,那么可增加身高 2%;如果有良好的卫生饮食习惯,那么可增加身高 1.5%。

编程从键盘输入父母身高(用实型变量存储,faHeight 为其父身高,moHeight 为其母身高)、性别(用字符型变量 sex 存储,输入字符 F 表示女性,输入字符 M 表示男性)、是否喜爱体育锻炼(用字符型变量 sports 存储,输入字符 Y 表示喜爱,输入字符 N 表示不喜爱)、是否有良好的饮食习惯(用字符型变量 diet 存储,输入字符 Y 表示有,输入字符 N 表示没有)等条件,利用给定公式和身高预测方法对你的身高进行预测。

程序代码如下:

```
# include< stdio.h>
void main()
```

```
    {
        float faHeight,moHeight;
        double height;
        char sex,sports,diet;
        printf("请依次输入父亲身高,母亲身高,性别男 M 女 F,喜欢运动 Y 否 N,有良好卫生 Y 否
N:\n");
        scanf("% f,% f,% c,% c,% c",&faHeight,&moHeight,&sex,&sports,&diet);
        if(sex= = 'M')
            height= (faHeight + moHeight) * 0.54;
        else
            height= (faHeight * 0.923 + moHeight)/2;
        if(sports= = 'Y')
            height= height* (1+ 0.02);
        if(diet= = 'Y')
            height= height* (1+ 0.015);
        printf("height= % .2f",height);
    }
```

设计多组测试数据对程序进行测试,并观察运行结果,将程序的运行情况写下来。

例如:

第一组:178,160,M,N,N

预测结果:182.52

分析:性别选择的是"M",计算出 height 的值为 182.52,后续两个 if 语句中的表达式均为"假",所以 182.52 为最终的身高值。

程序运行时结果如图 1-6 所示。

```
请依次输入父亲身高, 母亲身高, 性别男M女F,喜欢运动Y否N, 有良好卫生Y否N:
178,160,M,N,N
height=182.52Press any key to continue_
```

图 1-6　例 4 程序运行结果

switch 语句实现了多选择分支结构,程序运行时会根据不同的分支得出不同的结果。通过下面实验中测试数据的选择和运行结果的分析,熟悉 switch 语句的应用。

在 switch 语句的练习中,应能比较 if 语句与 switch 语句的异同。

【例 5】　输入某学生的成绩,然后将其转换成五级制的成绩值输出。五级制为 A、B、C、D、E,分别对应不同的分数段,具体如下:

90 分以上(包括 90 分):A

80 分至 90 分(包括 80 分):B

70 分至 80 分(包括 70 分):C

60 分至 70 分(包括 60 分):D

60 分以下:E

分析：由题意知，如果某学生成绩在 90 分以上，等级为 A；否则，如果成绩大于 80 分，等级为 B；否则，如果成绩大于 70 分，等级为 C；否则，如果成绩大于 60 分，等级为 D；否则，如果成绩小于 60 分，等级为 E；但当输入成绩时也可能输错，出现小于 0 或大于 100 的情况，这时也要做处理，输出出错信息。因此，在用 if 嵌套前，应先判断输入的成绩是否在 0～100 之间。

```
# include "stdio.h"
void main()
{
    int score;
    char grade;
    printf("\nplease input a student score:");
    scanf("% f",&score);
    if(score> 100||score< 0)
        printf("\ninput error!");
    else
    {
    if(score> = 90)
        grade= 'A';
    else
    {
        if(score> = 80)
        grade= 'B';
        else
        {
            if(score> = 70)
            grade= 'C';
            else
            {
              if(score> = 60)
              grade= 'D';
              else grade= 'E';
            }
        }
    }
    printf("\nthe student's grade:% c",grade);
    }
}
```

输入测试数据，调试程序。测试数据要覆盖所有路径，注意临界值，例如此题中的 100 分、60 分、0 分以及小于 0 和大于 100 的数据。

(二)编程题

以下每个上机编程题都要先写出其实现的基本原理,再写出实验步骤,最后根据每个实验内容的实验结果进行分析说明。

(1)某同学在对一道选择题作答时,他把选择题中的代码片段输到 VC++6.0 中,调试成功后运行输出了正确结果。该位同学是如何编写源代码的呢,请编写完整的代码并进行结果分析。

该选择题为:

计算以下程序段执行后的 i,j,k 的值,正确的选项为(   )。

```
int i,j,k;
i= j= 0;
k= 1;
if (i> j?(j- - ):(i- - )) k+ + ;
```

A.1,9,1   B.1,0,2   C.−1,0,1   D.0,0,2

(2)编写程序:实现输入 3 个整数并按从小到大的顺序输出。

(3)编写程序:解方程 ax+b=0。

(4)编写程序:判断一个整数是否既是 2 的倍数又是 3 的倍数。

| 实验四 | 循环结构程序设计 |

◆ 一、实验目的

（1）熟练掌握 while、do-while 和 for 三种循环语句的应用。

（2）掌握循环变量用于解题的基本技巧。

（3）掌握 continue、break 语句用于退出循环的区别。

◆ 二、实验内容

（一）分析与验证

1. for 循环

初次接触循环结构程序设计的读者，应仔细分析下列程序中 for 语句的基本结构、作用范围，并根据运行结果反复验证程序是否符合程序代码逻辑，做出相应分析。

【例 1】 输出 6 个 " ＊ "。

程序代码如下：

```c
# include< stdio.h>
void main()
{
    int i,j,k;
    for(i= 0;i< = 5;i+ + )
    {
        for (j= i;j< = i;j+ + )
        printf("% c",'* ');
        printf("\n");
    }
}
```

运行结果如图 1-7 所示。

图 1-7 例 1 程序运行结果

分析并解答：

（1）内层 for 循环的循环次数会受到外层 for 循环的循环变量的影响吗？如果会，是怎样的影响？为什么会出现"五行一列"的图案？

（2）此例中 2 个 printf 语句各自位于外层 for 循环体中还是内层 for 循环体中？

（3）如果希望输出图 1-8 所示的运行结果，应如何修改程序？

图 1-8　希望输出的图案

2. while 循环

使用 while 循环语句时应注意：当循环条件成立时，执行循环体中的语句。下面例 2 中，n++<2 是循环条件。读者应根据程序执行结果，仔细分析循环体中的语句各执行了多少次。

【例 2】　思考"++"运算符、"<="运算符的优先级，完成特定 while 循环的运算。

程序代码如下：

```
# include< stdio.h>
void main()
{
    int n= 0;
    while(n+ + < = 2)
    printf("% d\t",n);
    printf("% d\n",n);
}
```

程序运行结果如图 1-9 所示。

图 1-9　例 2 程序运行结果

分析并解答：

（1）第一次执行 while 循环体中的语句时，输出的 n 值为什么是 1 不是 0？

（2）printf("%d\n",n);这个语句共执行了多少次？

（3）如果将循环条件改为++n<=2，程序运行结果会发生怎样的变化，为什么？

```
# include< stdio.h>
void main()
{
    int n= 0;
    while(+ + n< = 2)
    printf("% d\t",n);
    printf("% d\n",n);
}
```

3. do-while 循环

do-while 循环是先执行循环体一次,再进行循环条件的判断。读者在进行"直到循环"的学习时,应注意"直到循环"的执行顺序及规则。

循环体中的语句是否被执行,"一共执行多少次"会受到循环条件的控制。continue 语句则可以达到"退出当次循环"的效果。注意:此处是退出当次循环,不是彻底退出"后续次数"的循环。

【例 3】 思考 continue 语句的作用,理解下列程序段。

程序代码如下:

```c
# include< stdio.h>
void main()
{
    int count, sum, x;
    count= sum= 0;
    do
    {
        scanf("% d",&x);
        if (x% 2! = 0) continue;
        count+ + ;
        sum+ = x;
    }
    while (count< 5);
    printf("sum= % d",sum);
}
```

运行结果如图 1-10 所示。

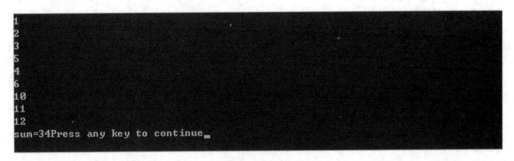

图 1-10 例 3 程序运行结果

分析并解答:

(1)按照上述测试数据,为什么最后结果是 34?

(2)设计其他测试数据,测试的数据个数是否可以变化,测试数据的值是否会影响到最终 sum 的值?为什么?

(3)continue 在本例中所起的作用是什么?

(4)本程序的功能是什么?

(5)如果希望输出输入数据中 3 个奇数的积,应该如何修改程序,使得运行效果类似于图 1-11 所示?

图 1-11　类似运行效果

4. 利用循环变量进行解题的技巧

循环变量的值会发生变化,往往变化后的值会在循环体中得到利用,以达到解题的效果。在求 5! 的解题过程中,需要不断地得到乘数 1、2、3、4、5,所以在循环体中会用到这个循环变量。

【例 4】　求 5!。

程序代码如下:

```
# include< stdio.h>
void main()
{
    int n,t;
    n= 1;
    t= 1;
    while(t< = 5)
    {
        n= n* t;
        t= t+ 1;
    }
    printf("% d",n);
}
```

此例中 t 是循环变量,被当作不断变化的下一个乘数。

【例 5】　求和 s＝1! ＋2! ＋3!。

程序代码如下:

```
# include< stdio.h>
void main()

{
    int n,s= 0,t= 1;
    for(n= 1;n< = 3;n+ + )
    {
```

```
            t= t* n;
            s= s+ t;
        }
    printf("% d",s);
}
```

此例中 n 是循环变量,被当作不断变化的下一个乘数。此例中的 t 保存了上次相乘后的累积;而 s 则保存了 n−1 次的每次算出来的积的总和。

Ⅰ 思考:如果将程序功能改为"求积:1! ＊2! ＊3!",应如何修改程序?

(二)编程题

根据上述示例与分析结果,试着分析下列各题并完成相应程序代码的编写。先写出其实现的基本原理,再写出实验步骤,最后根据每个实验内容的实验结果进行分析说明。

(1)求和 s＝1! ＋3! ＋5!。

(2)求和 s＝ 3＋33＋333。

(3)有一数列:2/1,3/2,5/3,8/5,⋯,求出这个数列的前 10 项之和。

(4)打印 500 以内的"水仙花数"。"水仙花数"是一个三位数,其各位数立方和等于该数本身。

(5)一个数如果恰好等于它的因子之和,这个数就称为完数。求 100 之内的所有完数。

实验五　数组

一、实验目的

（1）掌握一维数组和二维数组的定义、赋值和输入输出的方法。

（2）掌握字符数组的使用。

（3）掌握与数组有关的算法（特别是排序算法）。

二、实验内容

（一）分析与验证

1. 一维数组

【例1】　计算长方体的体积。

程序代码如下：

```
# include< stdio.h>
int main()
{
    float dim[N];
    float volume;
    int k;
    printf("请输入长方体的长、宽、高(厘米):\n");
    for(k= 0;k< 3;k+ + )
    {
        scanf("% g",&dim[3]);
    }
    volume= dim[0]* dim[1]* dim[2]
        printf("长方体的体积:",volume);
    return 0;
}
```

【例2】　从键盘上输入 N 个整数，组成一个数组，试编制程序，使该数组中的数按照从大到小的次序排列。

分析：C语言中数组长度必须是确定大小的，即必须指定 N 的值。排序的方法有多种，我们以其中两种作为参考。

方法一：起泡排序

从第一个数开始依次对相邻两数进行比较，如次序对则不做任何操作，如次序不对则使这两个数交换位置。第一遍的 N−1 次比较后，最大的数已放在最后，第二遍只需考虑 N−1 个数，以此类推，直到第 N−1 遍比较后就可以完成排序。

源程序如下：

```
# define N 10
# include< stdio.h>
int main()
{
    int a[N],i,j,temp;
    printf("please input % d numbers\n",N);
    for(i= 0;i< N;i+ + )
        scanf("% d",&a[i]);
    for(i= 0;i< N- 1;i+ + )
        for(j= 0;j< N- 1- i;j+ + )
        {
            if(a[j]> a[j+ 1])
            {
                temp= a[j];
                a[j]= a[j+ 1];
                a[j+ 1]= temp;
            }
        }
    printf("the array after sort:\n");
    for(i= 0;i< N;i+ + )
        printf("% 5d",a[i]);
    return 0;
}
```

方法二:选择排序

首先找出值最小的数,把这个数与第一个数交换,这样值最小的数就放到了第一个位置;然后,从剩下的数中找值最小的,把它和第二个数互换,使得第二小的数放在第二个位置上;以此类推,直到所有的值按从小到大的顺序排列为止。

```
# include< stdio.h>
# define N 10
int main()
{
    int a[N],i,j,r,temp;
    printf("please input % d numbers\n",N);
    for(i= 0;i< N;i+ + )
        scanf("% d",&a[i]);
    for(i= 0;i< N- 1;i+ + )
    { r= i;
    for(j= i+ 1;j< N;j+ + )
```

```
            if(a[j]< a[r])
                r= j;
            if(r! = i)
            {temp= a[r];
            a[r]= a[i];
            a[i]= temp;
            }
        }
        printf("the array after sort:\n");
        for(i= 0;i< N;i+ + )
            printf("% 5d",a[i]);
        printf("\n");
        return 0;
}
```

【**例 3**】　从键盘上输入一个五位数,对该数中的五个数值进行从大到小排序,形成一个新的五位数,输出这个新数。

```
# include< stdio.h>
int main( )
{
    int num,temp;
    double m= 0,a[5];
    int i= 0,j,k;
    double n;
    printf("Please enter an interger\n");
    scanf("% d",&num);
    while(num)
    {
        a[i+ + ]= num% 10;
        num/= 10;
    }
    if(i! = 5)
    {
        printf("Your enter error\n");
        exit(0);
    }
    for(i= 0;i< 4;i+ + )
    {
        k= i;
        for(j= i+ 1;j< 5;j+ + )
```

```
        {
            if(a[k]< a[j])
            {
                k= j;
            }
        }
        if(k! = i)
        {
            temp= a[i];
            a[i]= a[k];
            a[k]= temp;
        }
    }
    n= 1;
    while(j- - )
    {
        m+ = a[j]* n;
        n* = 10;
    }
    printf("Sort later :% 5.0lf\n",m);
    getch();
    return 0;
}
```

2. 二维数组

【例 4】 将一个 2×3 的矩阵行列互换,计算并输出其转置矩阵。

```
# include < stdio.h>
int main( )
{
    int a[2][3]= {1,2,3},{4,5,6}};
    int b[3][2],i,j;
    printf("array a:\n");
    for(i= 0;i< = 1;i+ + )
    {
        for(j= 0;j< = 2;j+ + )
        {
            printf("% 5d",a[i][j]);
            b[j][i]= a[i][j];
        }
        printf("\n");
```

```
        }
        printf("array b:\n");
        for(i= 0;i< = 2;i+ + )
        {
            for(j= 0;j< = 1;j+ + )
                printf("% 5d",b[i][j]);
            printf("\n");
        }
        return 0;
    }
```

【例 5】　有二维数组 a[3][3]＝{{5.4,3.2,8},{6,4,3.3},{7,3,1.3}},将数组 a 的每一行元素均除以该行上的主对角元素(第 1 行同除以 a[0][0],第 2 行同除以 a[1][1],…),按行输出新数组。

```
# include< stdio.h>
int main()
{
    double a[3][3]= {{5.4,3.2,8},{6,4,3.3},{7,3,1.3}};
    int i,j;
    double t;
    for(i= 0;i< 3;i+ + )
    {
        t= a[i][i];
        for(j= 0;j< 3;j+ + )
        {
            a[i][j]= a[i][j]/t;
        }
    }
    for(i= 0;i< 3;i+ + )
    {
        for(j= 0;j< 3;j+ + )
        {
            printf("% f  ",a[i][j]);
        }
        printf("\n");
    }
    return 0;
}
```

3.字符串数组

【例 6】　输入一串字符,计算其中空格的个数。

```
# include < stdio.h>
int main( )
{
    char c[30];
    int i,sum= 0;
    gets(c);
    for(i= 0;i< strlen(c);i+ + )
        if(c[i]= = ' ')
            sum= sum+ 1;
        printf("空格数为:% d \ n",sum);
    return 0;
}
```

【例 7】 打印以下图案：

```
*  *  *  *  *
 *  *  *  *  *
  *  *  *  *  *
   *  *  *  *  *
    *  *  *  *  *
```

程序代码如下：

```
# include < stdio.h>
int main( )
{
    char a[5]= {'* ', '* ', '* ', '* ', '* '};
    int i,j,k;
    char space= ' ';
    for(i= 0;i< 5;i+ + ) /* 输出 5 行* /
    {
    printf("\n"); /* 输出每行前先换行* /
    printf(" "); /* 每行前面留 1 个空格 * /
    for (j= 1;j< = i;j+ + )
        printf("% c",space); /* 每行再留 i 个空格* /
    for (k= 0;k< 5;k+ + )
        printf("% c",a[k]); /* 每行输出 5 个* 号* /
    }
    return 0;
}
```

【例 8】 输入一行字符,统计其中单词的数目。

```
# include < stdio.h>
int main( )
{
```

```
        char string[81];
        int i,num= 0,word= 0;
        char c;
        printf("输入一行字符\n");
        gets(string);
        for(i= 0;(c= string[i])! = '\n';i+ + )
            if(c= = ' ') word= 0;
            else if(word= = 0)
            {
                word = 1;
                num+ + ;
            }
            printf("There are % d words in the line\n",num);
        return 0;
    }
```

（二）编程题

（1）以下程序段将输出 computer，请填空。

```
# include < stdio.h>
int main()
{
    int i,j= 0;
    char c[]= "it's a computer";
    for(i= 0;____①____;i+ + )
    {
        ____②____;
        printf("% c",c[j]);
    }
    return 0;
}
```

（2）以下程序的功能是求数组 num 中小于零的数据之和，程序中存在错误，请上机调试并改正。

```
# include < stdio.h>
int main()
{
    int num[20];
    int sum, i;
    for(i= 0;i< = 19;i+ + )
        scanf("% d",&num[i]);
```

```
        for(i= 0;i< = 19;i+ + );
        if(num[i]< 0) sum+ = num[i];
        printf("sum= % 6d",sum);
        return 0;
    }
```

（3）调试程序。下面程序完成用气泡法对 10 个整型数排序（从小到大），其中带 * 行有错，请调试修正。

```
    # include < stdio.h>
    int main()
    {
        int a[10];
        int i,j,t;
        printf("intput 10 numbers:\n");
        for (i= 0;i< 10;i+ + )
    *       scanf("% d",i,a[i]);
        printf("\n");
        for(j= 1;j< 10;j+ + )
    *       for(i= j+ 1;i< 10;i+ + )
    *           if(a[i]< a[i+ 1])
                {t= a[i]; a[i]= a[i+ 1];a[i+ 1]= t;}
        printf("the sorted numbers:\n");
    *       for(i= 1;i< 11;i+ + )
      *     printf("% d",& a[i]);
        return 0;
    }
```

（4）有一个已排好序的数组，今输入一个数，要求按原来排序的规律将它插入数组中。

（5）编写一程序，将两个字符串连接起来，不要用 strcat 函数。

（6）求一个 3×3 矩阵对角线元素之和。

$$\begin{bmatrix} 0 & 1 & 2 \\ 3 & 4 & 5 \\ 6 & 7 & 8 \end{bmatrix}$$

（7）从键盘输入一个字符串 a，并在 a 串中的最大元素后面插入字符串 b（"ab"）。

（8）打印出以下杨辉三角形（要求打印出 10 行）。

1
1 1
1 2 1
1 3 3 1
1 4 6 4 1
1 5 10 10 5 1
……

（9）编程实现输入一串英文，统计其中各单词出现的个数（不区分大小写字母），以"000"

作为字符串输入结束标志,例如:

  Twinkle twinkle little star 000(回车)

  输出结果为

twinkle little star

   2　　1　　1

实验六 函数

◆ 一、实验目的

(1)掌握函数的定义和调用方法,理解 C 语言中使用函数的原因。

(2)掌握实际参数和形式参数,深刻理解函数参数传递过程中的"单向传递"。

(3)了解函数嵌套调用的方法。

(4)掌握局部变量和全局变量的概念和使用方法。

◆ 二、实验内容

在完成具体实验内容之前,请阅读下列注意事项:

(1)C 语言程序是由一个或多个函数模块组成的,每个函数都具有相对独立的单一功能,但其中有且仅有一个函数称为主函数,程序的执行总是从主函数开始的。

(2)在 C 语言中,所有函数都是并列关系,不允许在一个函数的函数体内定义另外一个函数。

(3)在函数外部定义的变量,可让所有的函数共同访问,从程序开始到程序结束,作用域是全局的。

(4)根据函数定义的不同,函数分为 C 编译系统提供的库函数和用户自定义函数。根据主调函数和被调函数有无数据传递,函数可分为有参函数和无参函数。根据函数的作用范围,函数可分为内部函数和外部函数。变量的作用域是指变量在程序中的有效范围,分为局部变量和全局变量。变量的储存类型是指变量在内存中的储存方式,分为静态变量和外部变量。

(一)分析与验证

【例 1】 仔细阅读下面的程序,理解函数的功能与用法。

程序代码如下:

```c
# include< stdio.h>
int sum( int x,int y)
{
    int z;
    z= x+ y;
    return z;
}
void main( )
{
    int a,b,c;
    a= 11;
```

```
        b= 5;
        c= sum(a,b);
        printf("% d+ % d= % d\n",a,b,c);
    }
```

【例 2】 下面程序能否正确执行？若不能请改正，并分析函数 f 的功能。如果输入 10，21，18 三个整数，程序输出的结果是什么？

程序代码如下：

```
# include< stdio.h>
void main( )
{
    int a,b,c;
    printf("please input three integers :\n");
    scanf("% d,% d,% d",&a ,&b,&c) ;
    printf("% d\n",f(a,b,c));
}
f(a,b,c)
{
    int x,y,z,s;
    s= (x> y? x:y);
    return(s> z? s:z);
}
```

错误提示：

(1)函数 f 没有定义。

(2)局部变量 x,y,z 在被使用之前未被初始化。

【例 3】 阅读下列程序，写出运行后的结果。掌握参数之间的值传递，并深刻理解函数调用的思想。

程序代码如下：

```
# include< stdio.h>
float fun(float f)
{
    return f* f;
}
void main( )
{
    float k ;
    k= fun(10.0) ;
    printf("% f\n",k);
}
```

【例 4】 编写一个求两个整数的最大公约数的函数 lcd，整数由键盘输入，用主函数调用 lcd 函数，并输出结果。

程序代码如下：

```
# include< stdio.h>
lcd(int a,int b)
{
    int temp,num1,num2;
    num1= a;
    num2= b;
    while(num2! = 0)
    {
      temp= num1% num2;
      num1= num2;
      num2= temp;
    }
    return(a* b/num1);
}

    void main()
{

    int t,x,y;
    printf("Please input two integers:");
    scanf("% d,% d",&x,&y);
    if(x> y)
      {
        t= x;
        x= y;
        y= t;
      }
    printf("lcd(% d,% d)= % d\n",x,y,lcd(x,y));
}
```

运行程序，写出运行结果。

读程序技巧：

(1)分区域法。如将程序分为四个部分：主函数、lcd 函数、while 语句和 return 语句。主函数的功能是将两个从小到大的整数，即实参 x 和 y 传递给 lcd 函数中的形参 a 和 b。lcd 函数，由题目可知，其功能是求最大公约数，而算法的关键在于 while。循环体看似很难读懂，此时用代值法便可化繁为简。

(2)代值法。无论多么复杂的题目，只要把变量用简单数值来代替，根据程序的流程执行一遍，多多思考，都可以很轻易地读懂程序。

如将 num1＝10，num2＝25 代入程序中执行，while 语句中判断表达式 num2！＝0 成立，故而执行循环体，temp＝10，num1＝25，num2＝10！＝0，继续第二次循环，temp＝5，num1＝10，num2＝5！＝0，继续循环，temp＝0，num1＝5，num2＝0，停止循环。故 num1 中

存放的是最小公倍数。

return 语句中的参数也说明这一点,a、b 的乘积除以最小公倍数便可得到最大公约数。

【例 5】　以下自定义函数的功能是求 x 的 y 次方,不用系统函数 power,请填空并调试程序。

程序代码如下:

```
# include< stdio.h>
double fun(double x,int y)
{
    int i= 1;
    double z;
    for(z= x;i< y;i+ + )
    z= z* ①;
    return z;
}
void main()
{
    double x,z;
    int y;
    ②;
    z= ③;
    printf("z= % f\n",z);
}
```

补充完整上述程序中的①、②、③处并运行,写出运行结果。

思路分析:

(1)思考 main 函数和 fun 函数中出现的变量 x,y,z 是否是同一个变量。

(2)main 函数和 fun 函数之间没有建立起联系,由题意可知,fun 函数中 z 返回的是 x 的 y 次方的结果,主函数中的 z 最终输出幂函数的结果。最先确定第三个空 z 应该是调用函数 fun。

(3)既然有函数调用,实参在定义时又没有初始化,所以第二个空应该是对实参 x 和 y 进行赋值。采用 scanf 函数时注意数据类型和格式控制符之间的对应关系。

(4)尝试用代值法思考第一个空的结果。

(二)编程题

要求程序有良好的可读性以及易于理解的结果。

(1)编写一个函数,求两个数中较大的数,返回较大的数。在主函数中输入两个数,调用子函数求较大的数。

(2)编写一个函数,求两个数的平均值,返回平均值。在主函数中输入两个数,调用子函数求平均值。

(3)编写四个函数,分别用于计算圆周长、圆面积、圆柱表面积和圆柱体积。

(4)定义一个函数,求 200 到 500 之间满足"用 4 除余 1,用 5 除余 3,用 7 除余 4"的数,且一行打印 6 个。

(5)在主函数 main()中已有变量定义和函数调用语句:

```
int a= 1,b= - 5,c;
c= fun (a,b);
```

fun 函数的作用是计算两个数之差的绝对值,并将差值返回调用函数。

编写 fun 函数。fun 函数的原型为:

```
fun(int x , int y) { }
```

(三)提高练习

要求程序有良好的可读性以及易于理解的结果。

(1)编写程序:自定义两个函数,分别求两个整数的最大公约数和最小公倍数,用主函数调用这两个函数,并在主函数中输出结果。两个整数由键盘输入。

(2)编写一个计算三角形面积的函数 area,要求在主函数中输入三角形的三条边长,调用 area 求出面积,然后再返回主函数中将面积输出。注意为变量设置合适的数据类型。

(3)编写一个函数 max,用于求出三个整数中的最大值,要求在主函数中输入待判定的三个整数,调用函数 max,并返回最大值且在主函数中输出。

实验七　指针

◆ **一、实验目的**

(1)掌握指针的概念,会定义和使用指针变量。

(2)掌握使用数组的指针和指向数组的指针变量。

(3)掌握使用字符串的指针和指向字符串的指针变量。

(4)了解使用指向函数的指针变量。

◆ **二、实验内容**

在完成具体实验内容之前,请阅读下列注意事项:

(1)不要试图将一个整数赋给一个指针变量,如 p=2020 是错误的,同样也不可将一个指针 p 的值(地址)赋给一个整型数据,如 i=p 也是错误的。

(2)在 * 、++、——同时出现的表达式中,请注意用括号,否则常出现错误,如 * p++,所表达的意思就容易理解错误,而(* p)++就比较清楚。

(3)不要定义一个指针后直接对其赋值,因为定义指针后,其指向的是一个不确定的地址,而对其进行赋值可能破坏系统的正常工作。如 int * temp; * temp=3;这种情况是绝不允许的。

(4)不能企图通过改变指针形参的值而使指针实参的值改变,即指针变量做函数参数也要遵循函数中实参变量和形参变量之间的数据传递是单向的"值传递"方式。如:

```
swap(int * p1,int * p2) {int * p; p= p1;p1= p2;p2= p;}
main() {……;if (a< b)  swap(point1,point2);……}
```

想用 swap 函数实现两个数按从大到小的顺序排列,事实上是不行的。

(5)二维数组名(如 a)是指向行的,因此 a+1 中的"1"代表一行中全部元素所占的字节数,而一维数组名(如 a[0],a[1])是指向列元素的,a[0]+1 中的"1"代表一个元素所占的字节数。

(一)分析与验证

【例 1】 从键盘输入一行字符,存入一个字符数组中,然后输出该字符串。

源程序如下:

```
# include < stdio.h>
int main ()
{
char str[81],* sptr;
int i;
for(i= 0;i< 80;i+ + )
```

```
            {
                str[i]= getchar();
                if(str[i]= = '\n') break;
            }
        str[i]= '\0';
        sptr= str;
        while(* sptr)
        putchar(* sptr+ + );
        return 0;
    }
```

【例 2】 使用一个函数,交换数组 a 和数组 b 中的对应元素。

源程序如下:

```
# include < stdio.h>
int main ()
{
    int a[5]= {1,2,3,4,5};
    int b[5]= {10,20,30,40,50};
    int i;
    for(i= 0;i< 5;i+ + )
    swap(&a[i],&b[j]);
    for(i= 0;i< 5;i+ + )
    printf("a[% d]= % 2d,",i,a[i]);
    printf("b[% d]= % 2d,"i,b[i]);
    return 0;
}
swap(pa,pb)
{
    int * pa,* pb ;
    int temp;
    temp = * pa;* pa= * pb;* pb= temp;
}
```

【例 3】 有三个整数 x,y,z,设置三个指针变量 p1,p2,p3,分别指向 x,y,z。然后通过指针变量使 x,y,z 三个变量交换顺序,即把原来 x 的值给 y,把 y 的值给 z,把 z 的值给 x。x,y,z 的原值由键盘输入,要求输出 x,y,z 的原值和新值。

源程序如下:

```
# include < stdio.h>
int main()
{
    int x,y,z,t ;
```

```
        int * p1, * p2, * p3;
        printf("Please input 3 numbers:");
        scanf("% d,% d,% d",&x,&y,&z);
        p1= &x;
        p2= &y;
        p3= &z;
        printf("old values are :\n");
        printf("% d% d% d\n",x,y,z);
        t= * p3;
        * p3= * p2;
        * p2= * p1;
        * p1= t;
        printf("new values are:\n");
        printf("% d% d% d \n",x,y,z);
        return 0;
    }
```

【例 4】 输入 3 个数 a,b,c,按大小顺序输出。

源程序如下：

```
    # include < stdio.h>
    int main ()
    {
        int n1,n2,n3;
        int * pointer1,* pointer2,* pointer3;
        printf("please input 3 numbers:n1,n2,n3:");
        scanf("% d,% d,% d",&n1,&n2,&n3);
        pointer1= &n1;
        pointer2= &n2;
        pointer3= &n3;
        if(n1> n2) swap(pointer1,pointer2);
        if(n1> n3) swap(pointer1,pointer3);
        if(n2> n3) swap(pointer2,pointer3);
        printf("the sorted numbers are:% d,% d,% d\n",n1,n2,n3);
        return 0;
    }
    swap(int * p1,int * p2)
    {
        int p;
        p= * p1;* p1= * p2;* p2= p;
    }
```

【例 5】 输入数组,最大的与第一个元素交换,最小的与最后一个元素交换,输出数组。

源程序如下：

```
# include < stdio.h>
int main( )
{
  int number[10];
  input(number);
  max_min(number);
  output(number);
  return 0;
}
input(int number[ ])
{   int i;
    for(i= 0;i< 10;i+ + )
     scanf("% d,",&number[i]);
}
max_min(int array[ ])
{int * max,* min,k,l;
int * p,* arr_end;
arr_end= array+ 10;
max= min= array;
for(p= array+ 1;p< arr_end;p+ + )
    if(* p> * max) max= p;
        else if(* p< * min)   min= p;
k= * max;
l= * min;
* p= array[0];array[0]= l;l= * p;
* p= array[9];array[9]= k;k= * p;
return;
}
output(int array[ ])
{   int * p;
    for(p= array;p< array+ 10;p+ + )
     printf("% d,",* p);
}
```

【例 6】 设一个函数 process，在调用它的时候，每次实现不同的功能。从键盘输入 a，b，c 三个数，第一次调用 process 求 a，b，c 的和，第二次调用 process 求 a，b，c 中的最大者，第三次调用 process 求 a，b，c 中的最小者。用指针实现。

源程序如下：

```
# include < stdio.h>
int main( )
{
int add( ),max( ),min( );
int a,b,c;
printf("Please input 3 data:");
scanf("% d,% d,% d",&a,&b,&c);
printf("add= ");
process(a,b,c,add);
printf("max= ");
process(a,b,c,max);
printf("min= ");
process(a,b,c,min);
return 0;
}
add(int x,int y,int z)
  { int k;
    k= x+ y+ z;
    return(k);
  }
max(int x,int y,int z)
  { int k,t;
    t= (x> y)? x:y;
    k= (t> z)? t: z;
    return(k);
    }
min(int x,int y,int z)
  {  int k,t;
    t= (x< y)? x:y;
    k= (t< z)? t: z;
    return(k);
    }
process(x,y,z,fun)
int x,y,z;
int (* fun)( );
  { int result;
    result= (* fun)(x,y,z);
    printf("% d\n",result);
    }
```

【例 7】　编写函数 char ＊ strcat(char ＊ str1,char ＊ str2)，连接两个字符串，要求用指

针实现。

源程序如下：

```
# include < stdio.h>
int main( )
{
  char a[50],b[30];
  printf("Enter string 1:");
  scanf("% s",a);
  printf("Enter string 2:");
  scanf("% s",b);
  printf("a+ b= % s\n",strcat(a,b));
  return 0;
}
char * strcat(char * str1,char * str2)
{
  char * p= str1;
  while(* p= '\0') p+ + ;
  while(* p+ + = str2+ + );
  return(str1);
}
```

【例8】 编写函数 strlen(char * str),求字符串的长度,要求用指针实现。

源程序如下：

```
# include < stdio.h>
int main( )
{
  char a[50];
  printf("Enter string 1:");
  scanf("% s",a);
  printf("string length= % s\n",strlen(a));
  return 0;
}
strlen(char * str)
{
  char * p= s;
  while(* p)
  p+ + ;
  return(p- s);
}
```

【例9】 编写函数 fun,其功能是:在字符串中的所有数字字符前加一个"＊"字符。要求通过指针实现。

源程序如下：

```
# include < string.h>
# include < stdio.h>
int main( )
{
  char s[80];
  printf("enter a string:");
  scanf("% s", s);
  fun(s);
  return 0;
}
fun(char * s1)
{ char * s= s1;
  char a[100];
  int i= 0;
  while(* s! = '\0')
  if(* s> = '0'&&* s< = '9')
  {
    a[i+ + ]= '* ';
    a[i+ + ]= * s+ + ;
  }
  else a[i+ + ]= * s+ + ;
  a[i]= '\0';
  strcpy(s1,a);
  printf("the result: % s\n", s1);
  getch( );
}
```

【例 10】　编写函数 fun，通过指针实现将一个字符串反向。要求通过主函数输入字符串，通过调用函数 fun 实现输入字符串反向。

源程序如下：

```
# include< stdio.h>
# include< string.h>
# define M 20
int main( )
{
  char str[M];int n;
  printf("输入字符串:");
  gets(str);
    n= strlen(str);
```

```
    fun(str,n);
    return 0;
}
fun(char * str,int n)
{
  int i;
  for(i= n- 1;i> = 0;i- - )
    putchar(* (str+ i));
  printf("\n");
}
```

【例 11】 用指针实现:任意输入 20 个数,将它们按照从大到小的顺序输出。排序用冒泡法。

源程序如下:

```
# include < stdio.h>
# include < malloc.h>
int main( )
{
    int i,j,chg;
    double * p,temp;
    double a[20]= {0};
    p= a;
    if(p= = NULL)
    {
        printf("Lack of memory");
        getch( );
        return;
    }
    printf("Please Enter the 20 digits\n");
    for(i= 0;i< 20;i+ + )
    {
        printf("The % dth number\n",i+ 1);
        scanf("% lf",&a[i]);
    }
    /* 冒泡排序* /
    for(i= 0;i< 19;i+ + )
    {
        chg= 0;   /* 交换标志* /
        for(j= 0;j< 19;j+ + )
        {
```

```
                    if(p[j]< p[j+ 1])
            {
                    temp= p[j];
                    p[j]= p[j+ 1];
                    p[j+ 1]= temp;
                    chg= 1;
            }
        }
        if(chg= = 0)
            break;
    }
    printf("After the sort\n");
    for(i= 0;i< 20;)
    {
        printf("% .0lf\t",p[i+ + ]);
    }
    printf("\n");
    getch( );
return 0;
}
```

【例 12】 输入三行字符,每行 40 个字符,要求统计出其中共有多少个大写字母、小写字母、空格、标点符号。用指针实现。

源程序如下:

```
# include< stdio.h>
int main( )
{
char str[3][40],(* p)[40];
int i,j,up,low,space,comma;
up= 0;low= 0;space= 0;comma= 0;
printf("input three strings\n");
for(i= 0;i< 3;i+ + )
  gets(str[i]);
p= str;
for(i= 0;i< 3;i+ + )
  for(j= 0;j< strlen(str[I]);j+ + )
    { if(* (* (p+ i)+ j)> = 'a' && * (* (p+ i)+ j)< = 'z')
      low+ + ;
      else if(* (* (p+ i)+ j)> = 'A' && * (* (P+ i)+ j)< = 'Z')
        up+ + ;
```

```
        else if(* (* (p+ I)+ j)= = ',')
              comma+ + ;
            else if(* (* (p+ i)+ j)= = ' ')
              space+ + ;}
      printf("low= % d up= % d space= % d comma= % d",low,up,space,comma);
  return 0;
    }
```

(二)编程题

要求程序有良好的可读性以及易于理解的结果。

(1)编程实现:编写一个使用指针的函数,交换数组 a 和数组 b 的对应元素。在主函数中输入和输出数组。

swap(int * p1,int * p2)函数算法如图 1-12 所示。

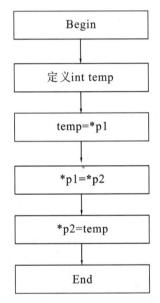

图 1-12 swap(int * p1,int * p2)**函数算法**

(2)程序填空并调试:

下面的程序可以实现从 10 个数中找出最大数和最小数的功能,请填空并完成上机调试。

```
# include < stdio.h>
int  max,min;
  find(int * p,int n)
  {   int * q;
      max= min= * p;
        for(q= _____①_____ ; _____②_____ ;q+ + )
            if(_____③_____ ) max= * q;
      else if ( _____④_____ ) min= * q;
```

```
      }
   main ( )
    {   int i,num[10];
        printf("Input 10 numbers:\n");
        for(i= 0;i< 10;i+ + )
          scanf("% d",&num[i]);
          find(num, 10);
        printf("max= % d,min= % d\n",max,min);
    }
```

（3）编写程序使指针变量 a 指向"Turbo C"，输出字符串的首字符和整个字符串，用指针变量 p 输出字符串的第 4 个字符，并输出 a 和 p 的地址。

（4）将"ABCDF""FGET""HUJI""KINMU"这四个字符串按逆字母顺序（由大到小）输出。

（5）编写一个函数 InverseByWord(char ＊ sentence)，实现一个英文句子按单词逆序存放的功能，并给出测试程序。如：

This is an interesting programme.

逆序后变为：

. programme interesting an is This

实验八　文件与结构体

◆ 一、实验目的

(1)掌握结构体类型变量的定义和使用。

(2)掌握结构体类型数组的概念和使用。

(3)掌握文件以及缓冲文件系统、文件指针的概念。

(4)了解打开、关闭、读、写等文件操作函数。

◆ 二、实验内容

(1)混淆结构体类型与结构体变量的区别,对一个结构体类型赋值,例如:

```
struct worker
    {long int num;
    char   name[20];
    char sex;
    int age;
    };
worker. num= 187045;
strcpy(worker.name,"dengwb");
worker.Sex= 'M';
worker.Age= 18;
```

这是错误的,只能对变量赋值,而不能对类型赋值。上面只定义了 struct worker 类型,而未定义变量。

(2)结构体变量定义完成后,不要忽略了最后的分号,如:

```
struct student
{int num;
char sex;
int   age;
}
```

就是错误的,"}"后的分号掉了。

(3)不要把结构体作为一个整体进行输入输出,如对于上面定义的结构体,下面的操作是错误的:

```
printf("% d,% c,% d\n",student);
```

只能对其中的成员进行输入输出,而不能对其整体进行输入输出,这是常犯的一个错误。当然,C 语言允许两个同类型的结构体变量之间相互赋值。执行"stu2＝stu1;"这个赋值语句,可将 stu1 变量中各个成员逐个依次赋给 stu2 中相应各个成员。

(4)当 p 是指向一个结构体变量的指针时, * p. num 等价于 * (p. num)是错误的,应该写成(* p). num。因为.的优先级大于 * 。

（5）使用文件时忘记打开，或打开方式与使用情况不匹配。

对文件的读写，用只读方式打开，却企图让该文件输出数据，例如：

```
if((fp= fopen("test","r"))= = NULL)
{printf("can not open this file\n");
exit(0);
}
    {
    ch= fgetc(fp);
    while(ch! = '\0')
    ch= ch+ 4;
    fputc(ch,fp);
    ch= fgetc(fp);
    }
```

上例中对以"r"方式（只读方式）打开的文件，进行既读又写的操作，显然是不行的。

（6）打开文件完成相关操作后忘记关闭文件，虽然系统会自动关闭所用文件，但可能会丢失数据。因此，必须在用完文件后关闭它。

（7）fseek 函数一般用于二进制文件，因为文本文件要发生字符转换，计算位置时往往会发生混乱。

（8）用"w"或"w+"方式打开一个文件时，如果原来文件不存在则建立之，否则将删掉同名文件，重新建立一个新文件。所以，当要在原来的文件上追加内容时，请用"a+"方式打开。

（一）分析与验证

【例 1】 给结构体变量赋值并输出其值。

源程序如下：

```
# include < stdio.h>
void main( )
{struct stu
    { int num;
    char * name;
    char sex;
    float score;
    } boy1,boy2;
    boy1.num= 102;
    boy1.name= "Zhang Ping";
    printf("input sex and score\n");
    scanf("% c % f",&boy1.sex,&boy1.score);
    boy2= boy1;
    printf("Number= % d\nName= % s\n",boy2.num,boy2.name);
    printf("Sex= % c\nScore= % f\n",boy2.sex,boy2.score);
}
```

本程序中用赋值语句给 num 和 name 两个成员赋值，name 是一个字符串指针变量。用

scanf 函数动态地输入 sex 和 score 成员值,然后把 boy1 的所有成员的值整体赋予 boy2。最后分别输出 boy2 的各个成员值。本例展示了结构变量的赋值、输入和输出的方法。

【例 2】 计算学生的平均成绩和不及格的人数。

源程序如下:

```
# include < stdio.h>
struct stu
{
int num;
char * name;
char sex;
float score;
}boy[5]= {
{101,"Li Ping",'M',45},
{102,"Zhang Ping",'M',62.5},
{103,"He Fang",'F',92.5},
{104,"Cheng Ling",'F',87},
{105,"Wang Ming",'M',58},
};
void main( )
{
int i,c= 0;
float ave,s= 0;
for(i= 0;i< 5;i+ + )
    {
    s+ = boy[i].score;
    if(boy[i].score< 60) c+ = 1;
    }
printf("s= % f\n",s);
ave= s/5;
printf("average= % f\ncount= % d\n",ave,c);
}
```

本例程序中定义了一个外部结构数组 boy,共 5 个元素,并做了初始化赋值。在 main 函数中用 for 语句逐个累加各元素的 score 成员值并存于 s 之中,如 score 的值小于 60(不及格)即计数器 c 加 1,循环完毕后计算平均成绩,并输出全班总分、平均分及不及格人数。

【例 3】 从键盘输入一个字符串,将小写字母全部转换成大写字母,然后输出到一个磁盘文件"test"中保存。

分析:输入的字符串以! 结束。

源程序如下:

```
# include "stdio.h"
void main( )
{   FILE * fp;
    char str[100],filename[10];
    int i= 0;
    if((fp= fopen("test","w"))= = NULL)
      {printf("can not open the file\n");
      exit(0);}
    printf("please input a string:\n");
    gets(str);
    while(str[i]! = '! ')
      { if(str[i]> = 'a'&&str[i]< = 'z')
      str[i]= str[i]- 32;
      fputc(str[i],fp);
      i+ + ;}
    fclose(fp);
    fp= fopen("test","r");
    fgets(str,strlen(str)+ 1,fp);
    printf("% s\n",str);
    fclose(fp);
}
```

【例 4】 将学生的学号和成绩存储在数组中,利用循环计算出数组中存储学生的平均成绩,找出高于平均分的学生信息并输出。

源程序如下:

```
# include < stdio.h>
# define max 20
struct student{
    int number;   /* 学号* /
    int score;    /* 成绩* /
}a[max];
void main()
{   int n,i,j;
    float aver= 0,total= 0;
    printf("please input the students' amount");
    scanf("% d",&n);
    /* 输入学生信息* /
    for(i= 0;i< n;i+ + )
    {
```

```
        printf("Please enter the % d student's information(score number)\n",(i
+ 1));
        scanf("% d% d",&a[i].score,&a[i].number);
    }
    printf("\nthe student's score and number\n");
    /* 输出所有学生信息* /
    for(i= 0;i< n;i+ + )
    {
        printf("% d\t% d\n",a[i].score,a[i].number);
    }
    /* 计算总分* /
    for(i= 0;i< n;i+ + )
    {
        total+ = a[i].score;
    }
    aver= total/n;
    /* 输出成绩高于平均分的同学* /
    printf("\nthe average is % .2f\n",aver);
    printf("Student's score higher than the evaluation points\n");
    for(i= 0;i< n;i+ + )
    {
        if(a[i].score> aver)
        printf("% d\t% d\n",a[i].score,a[i].number);
    }
    getch();
}
```

【例 5】 有五个学生,每个学生有 3 门课的成绩,从键盘输入数据(包括学号、姓名、三门课成绩),计算出平均成绩,将原有的数据和计算出的平均成绩存放在磁盘文件"stud"中。

源程序如下:

```
# include "stdio.h"
struct student
{  char num[6];
   char name[8];
   int score[3];
   float avr;
}stu[5];
void main()
```

```
{int i,j,sum;
FILE * fp;
/* input* /
for(i= 0;i< 5;i+ + )
    {printf("\n please input No. % d score:\n",i);
    printf("stuNo:");
    scanf("% s",stu[i].num);
    printf("name:");
    scanf("% s",stu[i].name);
    sum= 0;
    for(j= 0;j< 3;j+ + )
        { printf("score % d.",j+ 1);
        scanf("% d",&stu[i].score[j]);
        sum+ = stu[i].score[j];
        }
    stu[i].avr= sum/3.0;
    }
fp= fopen("stud","w");
for(i= 0;i< 5;i+ + )
    if(fwrite(&stu[i],sizeof(struct student),1,fp)! = 1)
    printf("file write error\n");
fclose(fp);
    }
```

(二)编程题

要求程序有良好的可读性以及易于理解的结果。

(1)有 5 名学生,每名学生的数据信息包括学号、姓名和一门课的成绩。要求按学生的成绩由高到低排序,然后输出学生的信息以及平均成绩。

```
# include < stdio.h>
struct student  { int num;  char name[20];  int score;  }stu[5];
main()
{ struct student * pt,* p[5];
int i, j, k, sum= 0;
for(i= 0;i< 5;i+ + )
{scanf("% d%s% d", &stu[i].num, stu[i].name, &stu[i].score);
    p[i]= &stu[i];
    sum= sum+ _____①_____  ;
}
for(i= 0;i< 5;i+ + )
{   k= i;
```

```
      for(j= i;j< = 5;j+ + )
        if(_____②_____ ) k= j;
      if(k! = i) { pt= p[i];   p[i]= p[k]; p[k]= pt;}
      }
      for(i= 0;i< 5;i+ + )
      printf("% d, % s, % d",_____③_____ );
      printf("Average= % d\n",_____④_____ );
      }
```

（2）以下程序输出指定文件，在显示文件内容的同时加上行号，请填空，完成程序功能，并自己建立一个简短的文本文件后运行该程序以验证其正确性。

```
      # include< stdio.h>
      main()
      { char s[20],filename[10];
        int flag= 1,i= 0;
        FILE * fp;
        printf("Input file name:");
        gets(filename);
        if((fp= fopen(filename, "r"))_____①_____ )
          {  printf("Can not open file. ");
            exit(1);   }
        while(fgets(s,20,fp)_____②_____ )
      {  if(flag= = 1)printf("% - 2d: % s",+ + i,s);
          else printf("% s",s);
          if(s[_____③_____ ]= = '\n')  flag= 1;
          else flag= 0;
          }
        fclose(fp);
      }
```

（3）建立一个 n.dat 文件，将一组整数写入该文件，然后读出来，并统计其中正数、负数和零的个数，并输出其结果。

（4）编程实现：建立一张 20 人的人员记录表，其中包括姓名、年龄、性别、职业及住址。

（5）建立 10 名学生的信息表，其中包括学号、姓名、年龄、性别以及 5 门课的成绩。要求从键盘输入数据，并将这些数据写入磁盘文件 stud.dat 中。

第二部分

C语言常见解题算法与实现

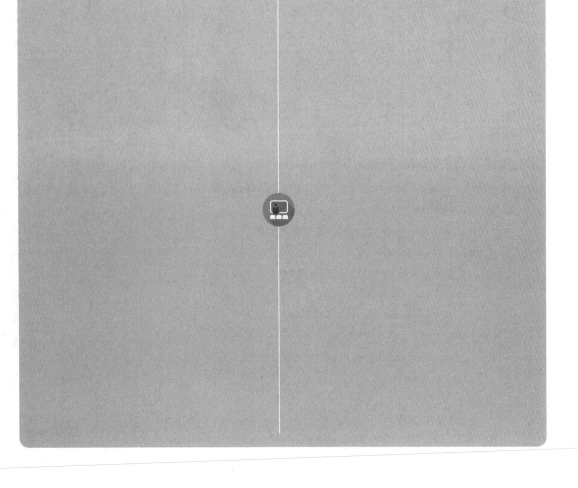

通过 C 语言常见问题算法的学习,读者应具备使用 C 语言解决问题的能力。本部分将 C 语言常见的算法问题列举如下,读者应能对这些问题及其算法的解决思路进行程序编码、验证和分析。

(1)企业发放的奖金根据利润提成。利润低于或等于 10 万元时,奖金可提 10%;利润高于 10 万元,低于 20 万元时,低于 10 万元的部分按 10%提成,高于 10 万元的部分,可提成 7.5%;20 万元到 40 万元之间时,高于 20 万元的部分,可提 5%;40 万元到 60 万元之间时,高于 40 万元的部分,可提 3%;60 万元到 100 万元之间时,高于 60 万元的部分,可提成 1.5%,高于 100 万元时,超过 100 万元的部分按 1%提成。从键盘输入当月利润,求应发放奖金总数。

分析:此题应思考利润位于不同区间的相应奖金计算规则。利润位于下一区间的奖金计算规则是在上一区间计算规则之外做了增量规则。

注意定义时需把利润定义成长整型。

程序源代码:

```
# include "stdio.h"
void main
{
    long int i;
    int bonus1,bonus2,bonus4,bonus6,bonus10,bonus;
    scanf("% ld",&i);
    bonus1= 100000* 0.1;
    bonus2= bonus1+ 100000* 0.075;
    bonus4= bonus2+ 200000* 0.05;
    bonus6= bonus4+ 200000* 0.03;
    bonus10= bonus6+ 400000* 0.015;
    if(i< = 100000)
        bonus= i* 0.1;
    else if(i< = 200000)
        bonus= bonus1+ (i- 100000)* 0.075;
    else if(i< = 400000)
        bonus= bonus2+ (i- 200000)* 0.05;
    else if(i< 600000)
        bonus= bonus4+ (i- 400000)* 0.03;
    else if(i< = 1000000)
        bonus= bonus6+ (i- 600000)* 0.015;
    else
        bonus= bonus10+ (i- 1000000)* 0.01;
    printf("bonus= % d",bonus);
}
```

（2）输入三个整数 x,y,z,请把这三个数由小到大输出。

分析：先将 x 与 y 进行比较,如果 x>y,则将 x 与 y 的值进行交换,然后再用 x 与 z 进行比较,如果 x>z,则将 x 与 z 的值进行交换,这样能使 x 最小。

程序源代码：

```
# include "stdio.h"
void main
{
    int x,y,z,t;
    scanf("% d% d% d",&x,&y,&z);
    if (x> y)
    {t= x;x= y;y= t;} /* 交换 x,y 的值* /
    if(x> z)
    {t= z;z= x;x= t;}/* 交换 x,z 的值* /
    if(y> z)
    {t= y;y= z;z= t;}/* 交换 z,y 的值* /
    printf("small to big: % d % d % d\n",x,y,z);
}
```

（3）输入某年某月某日,判断这一天是这一年的第几天。

分析：以 3 月 5 日为例,应该先把前两个月的天数加起来,然后再加上 5 天即本年的第几天。特殊情况:闰年且输入月份大于 2 时需考虑多加一天。

程序源代码：

```
# include "stdio.h"
void main
{
    int day,month,year,sum,leap;
    printf("\nplease input year,month,day\n");
    scanf("% d,% d,% d",&year,&month,&day);
    switch(month)/* 先计算某月以前月份的总天数* /
    {
        case 1:sum= 0;break;
        case 2:sum= 31;break;
        case 3:sum= 59;break;
        case 4:sum= 90;break;
        case 5:sum= 120;break;
        case 6:sum= 151;break;
        case 7:sum= 181;break;
        case 8:sum= 212;break;
        case 9:sum= 243;break;
        case 10:sum= 273;break;
        case 11:sum= 304;break;
```

```
        case 12:sum= 334;break;
        default:printf("data error");break;
    }
    sum= sum+ day; /* 再加上某天的天数*/
    if(year% 400= = 0||(year% 4= = 0&&year% 100! = 0))/* 判断是不是闰年*/
        leap= 1;
    else
        leap= 0;
    if(leap= = 1&&month> 2)/* 如果是闰年且月份大于2,总天数应该加一天*/
        sum+ + ;
    printf("It is the % dth day.",sum);
}
```

(4)通过1、2、3、4这四个数字,组成互不相同且无重复数字的三位数。分别输出这些三位数。

分析:可填在百位、十位、个位上的数字都是1、2、3、4,组成所有的排列后再去掉不满足条件的排列。

程序源代码:

```
# include "stdio.h"
void main
{
    int i,j,k;
    printf("\n");
    for(i= 1;i< 5;i+ + ) /* 以下为三重循环*/
        for(j= 1;j< 5;j+ + )
            for (k= 1;k< 5;k+ + )
            {
                if (i! = k&&i! = j&&j! = k) /* 确保i、j、k三位互不相同*/
                printf("% d,% d,% d\n",i,j,k);
            }
}
```

(5)读取7个数(1~50)的整数值,每读取一个值,程序打印出该值个数的"＊"。

分析:设计循环初值为1,终值为读取的整数值,循环结束条件为">读取的值",循环输出"＊"。可使用for循环或者while循环语句来实现。

程序源代码:

```
# include "stdio.h"
void main
{
    int i,a,n= 1;
    while(n< = 7)
    {
```

```
    do
    {
      scanf("% d",&a); //读取一个值
    }while(a< 1||a> 50);
    for(i= 1;i< = a;i+ + )//打印出该值个数的'＊'
      printf("* ");
    printf("\n");
    n+ + ;
    }
    getch();
}
```

(6)一个 10 万以内的整数,它加上 100 后是一个完全平方数,再加上 168 又是一个完全平方数,请问该数是多少。

分析:在 10 万以内判断,先将该数加上 100 后开方,再将该数加上 268 后开方,如果开方后的结果满足条件,即是结果。

程序源代码:

```
# include "stdio.h"
# include "math.h"
void main
{
    long int i,x,y,z;
    for (i= 1;i< 100000;i+ + )
    {
        x= sqrt(i+ 100); /* x 为加上 100 后开方后的结果* /
        y= sqrt(i+ 268); /* y 为再加上 168 后开方后的结果* /
        if(x* x= = i+ 100&&y* y= = i+ 268)
        printf("\n% ld\n",i);
    }
}
```

(7)输出 9×9 口诀。

分析:分行与列考虑,共 9 行 9 列,i 控制行,j 控制列。

程序源代码:

```
# include "stdio.h"
void main
{
    int i,j,result;
    printf("\n");
    for (i= 1;i< 10;i+ + )
```

```
        {
            for(j= 1;j< i+ 1;j+ + )
            {
                result= i* j;
                printf("% d* % d= % - 3d",i,j,result);/* - 3d 表示左对齐,占 3 位* /
            }
            printf("\n\n");/* 每一行后换行* /
        }
    }
```

(8)输出国际象棋棋盘。

分析:用 i 控制行,j 控制列,根据 i+j 的和的变化来控制输出黑方格还是白方格。

程序源代码:

```
# include "stdio.h"
void main
{
    int i,j;
    for(i= 0;i< 8;i+ + )
    {
        for(j= 0;j< 8;j+ + )
        if((i+ j)% 2= = 0)
            printf("% c% c",'+ ','+ ');
        else
            printf(" ");
        printf("\n");
    }
}
```

(9)打印楼梯,同时在楼梯上方打印两个笑脸。

程序源代码:

```
# include "stdio.h"
void main
{
    int i,j;
    printf("\1\1\n");/* 输出两个笑脸* /
    for(i= 1;i< 11;i+ + )
    {
        for(j= 1;j< = i;j+ + )
        printf("% c% c",'* ','* ');
        printf("\n");
    }
}
```

(10)古典问题:有一对兔子,从出生后第 3 个月起每个月都生一对兔子,小兔子长到第三个月后每个月又生一对兔子,假如兔子都不死,问每个月的兔子总数为多少对?

分析:兔子对数的规律为数列 1,1,2,3,5,8,13,21,…。

程序源代码:

```
# include "stdio.h"
void main
{
    long f1,f2;
    int i;
    f1= f2= 1;
    for(i= 1;i< = 20;i+ + )
    {
        printf("% 12ld % 12ld",f1,f2);
        if(i% 2= = 0) printf("\n");/* 控制输出,每行四个* /
        f1= f1+ f2;
        f2= f1+ f2;
    }
}
```

(11)判断 101~200 有多少个素数,并输出所有素数。

分析:判断素数的方法是,用一个数分别去除以 2 到 sqrt(这个数+1),如果能被整除,则表明此数不是素数,反之是素数。

程序源代码:

```
# include "stdio.h"
# include "math.h"
void main
{
    int m,i,k,h= 0,leap= 1;
    printf("\n");
    for(m= 101;m< = 200;m+ + )
    {
        k= sqrt(m+ 1);
        for(i= 2;i< = k;i+ + )
        if(m% i= = 0)
        {
            leap= 0;
            break;
        }
        if(leap)
        {
```

```
            printf("% - 4d",m);
            h+ + ;
            if(h% 10= = 0) //控制格式输出
            printf("\n");
        }
        leap= 1;
    }
    printf("\nThe total is % d",h);
}
```

(12)求 100 之内的素数。

分析:和上题求解素数原理一致。但在程序结构上可采取将求解出素数作为程序第一部分,将素数输出作为程序第二部分的设计思路。可引入数组,存储这 100 个数字是否为素数的布尔值。

程序源代码:

```
# include< stdio.h>
void main()
{
    int    prime_flag[101];
    int    i,j,h= 0;
    for(i= 1;i< = 100;i+ + )
        prime_flag[i]= i;
    for(i= 2;i< 50;i+ + )
    {
        for(j= i+ 1;j< = 100;j+ + )
            if(prime_flag[j]&& j% i= = 0)
            prime_flag[j]= 0;
    }
    for (i= 2;i< = 100; i+ + )
        if(prime_flag[i])
        printf("% 3d",prime_flag[i]);
}
```

(13)判断一个素数能被几个 9 整除。

分析:注意计算出由"9"组成的数值,作为被除数。

程序源代码:

```
# include "stdio.h"
void main
{
    long int m9= 9,sum= 9;
    int zi,n1= 1,c9= 1;
```

```
    scanf("% d",&zi);
    while(n1! = 0)
    {
        if(!(sum% zi))
        n1= 0;
        else
        {
            m9= m9* 10;
            sum= sum+ m9;
            c9+ + ;
        }
    }
    printf("% ld,can be divided by % d \"9\"",sum,c9);
}
```

(14)打印出所有的"水仙花数"。所谓"水仙花数"是指一个三位数,其各位数字立方和等于该数本身。例如:153 是一个"水仙花数",因为 $153 = 1^3 + 5^3 + 3^3$。

分析:利用 for 循环控制 100～999,将每个数分解出个位、十位、百位。

程序源代码:

```
# include "stdio.h"
void main
{
    int i,j,k,n;
    printf("'water flower'number is:");
    for(n= 100;n< 1000;n+ + )
    {
        i= n/100;/* 分解出百位* /
        j= n/10% 10;/* 分解出十位* /
        k= n% 10;/* 分解出个位* /
        if(i* 100+ j* 10+ k= = i* i* i+ j* j* j+ k* k* k)
        {
            printf("% - 5d",n);
        }
    }
    printf("\n");
}
```

(15)将一个正整数分解质因数。例如:输入 90,打印出 $90 = 2 \times 3 \times 3 \times 5$。

分析:

对 n 进行分解质因数,应先找到一个最小的质数 k,然后按下述步骤完成:

①如果这个质数恰等于 n,则说明分解质因数的过程已经结束,打印输出即可。

②如果 n<>k,但 n 能被 k 整除,则应打印出 k 的值,并用 n 除以 k 的商,作为新的正整

数 n，重复执行第(1)步。

　　③如果 n 不能被 k 整除，则用 k+1 作为 k 的值，重复执行第(1)步。

　　程序源代码：

```
# include "stdio.h"
void main
{
    int n,i;
    printf("\nplease input a number:\n");
    scanf("% d",&n);
    printf("% d= ",n);
    for(i= 2;i< = n;i+ + )
    {
        while(n! = i)
        {
        if(n% i= = 0)
        {
            printf("% d* ",i);
            n= n/i;
        }
        else
        break;
        }
    }
    printf("% d",n);
}
```

　　(16)利用条件运算符的嵌套来完成此题：学习成绩≥90 分的同学用 A 表示，60～89 分的用 B 表示，60 分以下的用 C 表示。

　　分析：条件运算符的常用形式为(a>b)？ a:b。

　　程序源代码：

```
# include "stdio.h"
void main
{
    int score;
    char grade;
    printf("please input a score\n");
    scanf("% d",&score);
    grade= score> = 90? 'A':(score> = 60? 'B':'C');
    printf("% d belongs to % c",score,grade);
}
```

(17)输入两个正整数 m 和 n，求其最大公约数和最小公倍数。

分析：最大公约数是指几个数公有的约数，其中最大的一个叫作这几个数的最大公约数；最小公倍数是指几个数公有的倍数，其中最小的一个叫作这几个数的最小公倍数。

两个正整数的最小公倍数＝两个数的乘积÷两个数的最大公约数。

程序源代码：

```c
# include "stdio.h"
void main
{
    int a,b,num1,num2,temp;
    printf("please input two numbers:\n");
    scanf("% d,% d",&num1,&num2);
    if(num1< num2)//把大数放在 num1 中,把小数放在 num2 中
        {
            temp= num1;
            num1= num2;
            num2= temp;
        }
    a= num1;b= num2;
    while(b! = 0) //求两个数的最大公约数
        {
            temp= a% b;
            a= b;
            b= temp;
        }
    printf("gongyueshu:% d\n",a);
    printf("gongbeishu:% d\n",num1* num2/a);
}
```

(18)输入一行字符，分别统计出其中英文字母、空格、数字和其他字符的个数。

分析：利用 while 语句，条件为输入的字符不为'\n'。

程序源代码：

```c
# include "stdio.h"
void main
{
    char c;
    int letters= 0, space= 0, digit= 0,others= 0;
    printf("please input some characters\n");
    while((c= getchar())! = '\n')
        {
```

```
            if(c> = 'a'&&c< = 'z'||c> = 'A'&&c< = 'Z')
            letters+ + ;
            else if(c= = ' ')
            space+ + ;
            else if(c> = '0'&&c< = '9')
            digit+ + ;
            else
            others+ + ;
        }
        printf("all in all:char= % d space= % d digit= % d others= % d\n",letters,
        space,digit,others);
    }
```

（19）求 s＝a＋aa＋aaa＋aaaa＋aa...a 的值,其中 a 是一个数字。例如 2＋22＋222＋2222＋22222(此时共有 5 个数相加),几个数相加由键盘控制。

分析:关键是计算出每一项的值。

程序源代码:

```
    # include "stdio.h"
    void main
    {
        int a,n,count= 1;
        long int sn= 0,tn= 0;
        printf("please input a and n\n");
        scanf("% d,% d",&a,&n);
        printf("a= % d,n= % d\n",a,n);
        while(count< = n)
        {
            tn= tn+ a;
            sn= sn+ tn;
            a= a* 10;
            + + count;
        }
        printf("a+ aa+ ...= % ld\n",sn);
    }
```

（20）一个数如果恰好等于它的因子之和,这个数就称为完数。例如 6＝1＋2＋3。编程找出 1000 以内的所有完数。

分析:数的因子是所有可以整除这个数的数,不包括这个数自身。因数包括这个数本身,而因子不包括,比如 15 的因子是 1、3、5,而因数为 1、3、5、15。完数是指此数的所有因子之和等于此数,例如:28＝1＋2＋4＋7＋14;6＝1＋2＋3。

程序源代码:

```
# include< stdio.h>
void main()
{
    int i,j,m= 1000,sum;
    for(i= 1;i< = i/2;j+ + )//查找因子
    {
        if(i% j= = 0)//如果是因子
        sum= sum+ j;//把当前的因子累加到sum中
    }
        if(sum= = i)//判断是不是完数,即因子之和等于本身
        printf(" % 5d\n",i);
}
```

(21)一球从100米高度自由落下,每次落地后反跳回原高度的一半,再落下。求它在第10次落地时,共经过多少米。第10次反弹多高?

分析:共需要计算10次落地经过的总路程,总路程需要有一个累加的计算。每一次落地的路程均可以通过循环逐次计算得出。此题使用循环结构的程序设计即可完成总路程的计算。

程序源代码:

```
# include "stdio.h"
void main
{
    float sn= 100.0,hn= sn/2;
    int n;//弹跳次数
    for(n= 2;n< = 10;n+ + )
    {
        sn= sn+ 2* hn;/* 第n次落地时共经过的路程* /
        hn= hn/2; /* 第n次反跳高度* /
    }
    printf("the total of road is % f\n",sn);
    printf("the tenth is % f meter\n",hn);
}
```

(22)猴子吃桃问题:猴子第一天摘下若干个桃子,当即吃了一半,还不瘾,又多吃了一个,第二天早上又将剩下的桃子吃掉一半,又多吃了一个。以后每天早上都吃了前一天剩下的一半零一个。到第10天早上想再吃时,见只剩下一个桃子了。求第一天共摘了多少个桃子。

分析:采取逆向思维的方法,从后往前推断。

程序源代码:

```
# include "stdio.h"
void main
{
```

```
int day,x1,x2;
day= 9;
x2= 1;
while(day> 0)
    {x1= (x2+ 1)* 2;/* 第一天的桃子数是第二天桃子数加 1 后的 2 倍* /
    x2= x1;
    day- - ;
    }
printf("the total is % d\n",x1);
}
```

(23)两个乒乓球队进行比赛,各出三人。甲队为 a,b,c 三人,乙队为 x,y,z 三人。以抽签决定比赛名单。有人向队员打听比赛的名单。a 说他不和 x 比,c 说他不和 x,z 比,请编程序找出三队赛手的比赛名单。

分析:通过穷举法完成计算逻辑。

程序源代码:

```
# include "stdio.h"
void main
{
char i,j,k;/* i 是 a 的对手,j 是 b 的对手,k 是 c 的对手* /
for(i= 'x';i< = 'z';i+ + )
    for(j= 'x';j< = 'z';j+ + )
    {
    if(i! = j)
        for(k= 'x';k< = 'z';k+ + )
        { if(i! = k&&j! = k)
            { if(i! = 'x'&&k! = 'x'&&k! = 'z')
            printf("order is a- - % c\tb- - % c\tc- - % c\n",i,j,k);
            }
        }
    }
}
```

(24)打印出如下图案:
```
*
* * *
* * * * *
* * * * * * *
* * * * *
* * *
*
```

分析:先把图形分成两部分来看待,前四行一个规律,后三行一个规律,利用双重 for 循环,第一层控制行,第二层控制列。

程序源代码:

```
# include "stdio.h"
void main
{
int i,j,k;
for(i= 0;i< = 3;i+ + )
    {
    for(j= 0;j< = 2- i;j+ + )
        printf(" ");
    for(k= 0;k< = 2* i;k+ + )
        printf("* ");
    printf("\n");
    }
for(i= 0;i< = 2;i+ + )
    {
    for(j= 0;j< = i;j+ + )
        printf(" ");
    for(k= 0;k< = 4- 2* i;k+ + )
        printf("* ");
    printf("\n");
    }
}
```

(25)有一分数序列:2/1,3/2,5/3,8/5,13/8,21/13,…,求出这个数列的前 20 项之和。

分析:抓住分子与分母的变化规律。

程序源代码:

```
# include "stdio.h"
void main
{
int n,t,number= 20;
float a= 2,b= 1,s= 0;
for(n= 1;n< = number;n+ + )
    {
    s= s+ a/b;
    t= a;a= a+ b;b= t;/* 这部分是程序的关键,请读者猜猜 t 的作用* /
    }
printf("sum is % 9.6f\n",s);
}
```

(26)求 1+2! +3! +…+20! 的和。

分析:运用迭代法完成和的求值。

程序源代码：

```c
# include "stdio.h"
void main
{
float n,s= 0,t= 1;
for(n= 1;n< = 20;n+ + )
    {
    t* = n;
    s+ = t;
    }
printf("1+ 2! + 3! + …+ 20! = % e\n",s);
}
```

(27)利用递归方法求 5!。

分析:递归公式:fn＝fn_1 * 4!。

程序源代码：

```c
# include "stdio.h"
void main
{
int i;
int fact();
for(i= 0;i< 5;i+ + )
    printf("\40:% d! = % d\n",i,fact(i));
}
int fact(j)
int j;
{
int sum;
if(j= = 0)
    sum= 1;
else
    sum= j* fact(j- 1);
return sum;
}
```

(28)将所输入的 5 个字符,以相反顺序打印出来。

分析:利用递归调用方式完成运算逻辑。

程序源代码：

```c
# include "stdio.h"
void main
{
```

```
int i= 5;
void palin(int n);
printf("\40:");
palin(i);
printf("\n");
}
void palin(n)
int n;
{
    char next;
    if(n< = 1)
    {
        next= getchar();
        printf("\n\0:");
        putchar(next);
    }
    else
    {
        next= getchar();
        palin(n- 1);
        putchar(next);
    }
}
```

(29)有 5 个人坐在一起,问第五个人多少岁,他说他比第四个人大 2 岁。问第四个人岁数,他说他比第三个人大 2 岁。问第三个人,他又说他比第二个人大两岁。问第二个人,他说他比第一个人大两岁。最后问第一个人,他说他是 10 岁。请问第五个人多大?

分析:利用递归的方法,递归分为回推和递推两个阶段。要想知道第五个人岁数,需知道第四个人的岁数,依次类推,推到第一个人(10 岁),再往回推。

程序源代码:

```
# include "stdio.h"
age(n)
int n;
{
  int c;
  if(n= = 1) c= 10;
  else c= age(n- 1)+ 2;
  return(c);
}
void main
```

```
{ printf("% d",age(5));
}
```

(30)海滩上有一堆桃子,五只猴子来分。第一只猴子把这堆桃子平均分为五份,多了一个,这只猴子把多的一个扔入海中,拿走了一份。第二只猴子把剩下的桃子又平均分成五份,又多了一个,它同样把多的一个扔入海中,拿走了一份。第三、第四、第五只猴子都是这样做的。问海滩上原来最少有多少个桃子?

分析:运用递归思想实现 5 只猴子的分桃运算逻辑。

程序源代码:

```
# include "stdio.h"
int divide(int n,int m)
{
    if(n/5= = 0 || n% 5! = 1)
    {//不足 5 个或不能分 5 份多 1 个,分配失败
        return 0;
    }
    if(m= = 1)
    {//分到最后一只猴子,说明能分配成功
        return 1;
    }
    return divide(n- n/5- 1,m- 1);
}
main(String[] args)
{
    int n;//桃子数量
    for(n= 1;;n+ + )
    {
        if(divide(n,5))
        {   //判断能否被合理地分配
            printf("% d\n",n);
            break;
        }
    }
}
```

(31)给一个不多于 5 位的正整数,要求:①求它是几位数;②逆序打印出各位数字。

分析:利用穷举法思想逐步分解出组成这个正整数的各个数字。

程序源代码:

```
# include "stdio.h"
void main
{
```

```
long a,b,c,d,e,x;
scanf("% ld",&x);
a= x/10000;/* 分解出万位* /
b= x% 10000/1000;/* 分解出千位* /
c= x% 1000/100;/* 分解出百位* /
d= x% 100/10;/* 分解出十位* /
e= x% 10;/* 分解出个位* /
if (a! = 0) printf("there are 5, % ld % ld % ld % ld % ld\n",e,d,c,b,a);
else if (b! = 0) printf("there are 4, % ld % ld % ld % ld\n",e,d,c,b);
    else if (c! = 0) printf(" there are 3,% ld % ld % ld\n",e,d,c);
        else if (d! = 0) printf("there are 2, % ld % ld\n",e,d);
            else if (e! = 0) printf(" there are 1,% ld\n",e);
}
```

（32）一个 5 位数（正整数），判断它是不是回文数。如 12321 是回文数，个位与万位相同，十位与千位相同。

分析：利用穷举法思想逐步分解出组成这个 5 位数的各个数字。

程序源代码：

```
# include "stdio.h"
void main
{
  long ge,shi,qian,wan,x;
  scanf("% ld",&x);
  wan= x/10000;
  qian= x% 10000/1000;
  shi= x% 100/10;
  ge= x% 10;
  if (ge= = wan&&shi= = qian)/* 个位等于万位并且十位等于千位* /
    printf("this number is a huiwen\n");
  else
    printf("this number is not a huiwen\n");
}
```

（33）请输入星期几的第一个字母来判断是星期几，如果第一个字母一样，则继续判断第二个字母。

分析：利用穷举法思想完成不同星期几的判断逻辑。

用选择语句来实现算法，如果第一个字母一样，则用情况语句或 if 语句判断第二个字母。

程序源代码：

```
# include "stdio.h"
void main()
{
```

```
        char letter;
        printf("please input the first letter of someday\n");
        while ((letter= getch())! = 'Y')/* 当所按字母为 Y 时才结束* /
        {
          switch (letter)
          {
            case 'S':printf("please input the second letter\n");
                if((letter= getch())= = 'a')
                    printf("saturday\n");
                else if ((letter= getch())= = 'u')
                        printf("sunday\n");
                    else printf("data error\n");
              break;
        case 'F':printf("friday\n");break;
        case 'M':printf("monday\n");break;
        case 'T':printf("please input the second letter\n");
                if((letter= getch())= = 'u')
                    printf("tuesday\n");
                else if ((letter= getch())= = 'h')
                        printf("thursday\n");
                    else printf("data error\n");
                break;
          case 'W':printf("wednesday\n");break;
          default: printf("data error\n");
          }
        }
    }
```

(34)对 10 个数进行排序。

分析:利用选择排序法完成 10 个数字的排序。

选择排序法的基本思想:设待排序的数字均在 a[10]数组中,排序的第 1 趟,在待排序记录 a[1]～a[n]中选出最小的记录,将它与 a[1]交换;第 2 趟,在待排序记录 a[2]～a[n]中选出最小的记录,将它与 a[2]交换;以此类推,第 i 趟,在待排序记录 a[i]～a[n]中选出最小的记录,将它与 a[i]交换,使有序序列不断增长,直到全部排序完毕。

程序源代码:

```
# include "stdio.h"
# define N 10
void main
{int i,j,min,tem,a[N];
/* input data* /
```

```
printf("please input ten num:\n");
for(i= 0;i< 10;i+ + )
{
    printf("a[% d]= ",i);
    scanf("% d",&a[i]);
}
printf("\n");
for(i= 0;i< 10;i+ + )
    printf("% 5d",a[i]);
printf("\n");
/* sort ten num* /
for(i= 0;i< 10;i+ + )
{
    min= i;
    for(j= i+ 1;j< 10;j+ + )
        if(a[min]> a[j])
            min= j;
    tem= a[i];
    a[i]= a[min];
    a[min]= tem;

}
/* output data* /
printf("After sorted \n");
for(i= 0;i< 10;i+ + )
    printf("% 5d",a[i]);

}
```

(35)求一个 3×3 矩阵对角线元素之和。

分析:利用双重 for 循环控制输入二维数组,再将 a[i][i]累加后输出。

程序源代码:

```
# include "stdio.h"
void main
{
    float a[3][3],sum= 0;
    int i,j;
    printf("please input rectangle element:\n");
    for(i= 0;i< 3;i+ + )
        for(j= 0;j< 3;j+ + )
            scanf("% f",&a[i][j]);
    for(i= 0;i< 3;i+ + )
```

```
        sum= sum+ a[i][i];
    printf("duijiaoxian he is % 6.2f",sum);
}
```

(36)有一个已经排好序的数组。现输入一个数,要求按原来的规律将它插入数组中。

分析:首先判断此数是否大于最后一个数,然后再考虑插入中间的数的情况,插入后此元素之后的数,依次后移一个位置。

程序源代码:

```
# include "stdio.h"
void main
{
    int a[11]= {1,4,6,9,13,16,19,28,40,100};
    int temp1,temp2,number,end,i,j;
    printf("original array is:\n");
    for(i= 0;i< 10;i+ + )
        printf("% 5d",a[i]);
    printf("\n");
    printf("insert a new number:");
    scanf("% d",&number);
    end= a[9];
    if(number> end)
        a[10]= number;
    else
    {
        for(i= 0;i< 10;i+ + )
        {
            if(a[i]> number)
            {
                temp1= a[i];
                a[i]= number;
                for(j= i+ 1;j< 11;j+ + )
                {
                    temp2= a[j];
                    a[j]= temp1;
                    temp1= temp2;
                }
                break;
            }
        }
    }
}
```

```
for(i= 0;i< 11;i+ + )
    printf("% 6d",a[i]);
}
```

(37)将一个数组逆序输出。

分析:用第一个与最后一个交换。

程序源代码:

```
# include "stdio.h"
# define N 5
void main
{
    int a[N]= {9,6,5,4},i,temp;
    printf("\n original array:\n");
    for(i= 0;i< N;i+ + )
        printf("% 4d",a[i]);
    for(i= 0;i< N/2;i+ + )
    {
        temp= a[i];
        a[i]= a[N- i- 1];
        a[N- i- 1]= temp;
    }
    printf("\n sorted array:\n");
    for(i= 0;i< N;i+ + )
        printf("% 4d",a[i]);
}
```

(38)打印出杨辉三角形(要求打印出如下图形)。

```
          1
         1  1
        1  2  1
       1  3  3  1
      1  4  6  4  1
     1  5  10  10  5  1
```

分析:使用二维数组存储计算出的杨辉三角形的每个值,再依次输出二维数组中的数值,同时应注意每行结束的格式控制符的设计。

程序源代码:

```
# include "stdio.h"
void main
{
    int i,j;
    int a[10][10];
```

```
        printf("\n");
        for(i= 0;i< 10;i+ + )
        {
            a[i][0]= 1;
            a[i][i]= 1;
        }
        for(i= 2;i< 10;i+ + )
        for(j= 1;j< i;j+ + )
            a[i][j]= a[i- 1][j- 1]+ a[i- 1][j];
        for(i= 0;i< 10;i+ + )
        {
            for(j= 0;j< = i;j+ + )
            printf("% d",a[i][j]);
            printf("\n");
        }
    }
```

(39)输入 3 个数,按大小顺序输出。

分析:通过指针的运用完成数据交换。

程序源代码:

```
# include "stdio.h"
/* pointer* /
void main
{
    int n1,n2,n3;
    int * pointer1,* pointer2,* pointer3;
    printf("please input 3 number:n1,n2,n3:");
    scanf("% d,% d,% d",&n1,&n2,&n3);
    pointer1= &n1;
    pointer2= &n2;
    pointer3= &n3;
    if(n1> n2) swap(pointer1,pointer2);
    if(n1> n3) swap(pointer1,pointer3);
    if(n2> n3) swap(pointer2,pointer3);
    printf("the sorted numbers are:% d,% d,% d\n",n1,n2,n3);
}
swap(p1,p2)
int * p1,* p2;
{   int p;
    p= * p1;* p1= * p2;* p2= p;
}
```

（40）创建一个链表。

分析：引入结构体实现创建链表的操作。

程序源代码：

```
# include "stdlib.h"
# include "stdio.h"
struct list
{
    int data;
    struct list * next;
};
typedef struct list node;
typedef node * link;
void main()
{
    link ptr,head;
    int num,i;
    ptr= (link)malloc(sizeof(node));
    ptr= head;
    printf("please input 5 numbers= = > \n");
    for(i= 0;i< = 4;i+ + )
    {
        scanf("% d",&num);
        ptr- > data= num;
        ptr- > next= (link)malloc(sizeof(node));
        if(i= = 4) ptr- > next= NULL;
        else ptr= ptr- > next;
    }
    ptr= head;
    while(ptr! = NULL)
    {
        printf("The value is = = > % d\n",ptr- > data);
        ptr= ptr- > next;
    }
}
```

（41）反向输出一个链表。

分析：引入结构体实现创建链表的操作。

程序源代码：

```
# include "stdlib.h"
# include "stdio.h"
```

```
struct list
{
    int data;
    struct list * next;
};
typedef struct list node;
typedef node * link;
void main()
{
    link ptr,head,tail;
    int num,i;
    tail= (link)malloc(sizeof(node));
    tail- > next= NULL;
    ptr= tail;
    printf("\nplease input 5 data= = > \n");
    for(i= 0;i< = 4;i+ + )
    {
        scanf("% d",&num);
        ptr- > data= num;
        head= (link)malloc(sizeof(node));
        head- > next= ptr;
        ptr= head;
    }
    ptr= ptr- > next;
    while(ptr! = NULL)
    {
        printf("The value is = = > % d\n",ptr- > data);
        ptr= ptr- > next;
    }
}
```

(42)$809 * ?? +1=800 * ?? +9 * ?? +1$,其中 ?? 代表的两位数,$8 * ??$ 的结果为两位数,$9 * ??$ 的结果为三位数。求 ?? 代表的两位数及 $809 * ??$ 的结果。

分析:通过穷举法计算出 $10 \sim 100$ 之间符合题意要求的数。

程序源代码:

```
# include "stdio.h"
output(long b,long i)
{
    printf("\n% ld/% ld= 809* % ld+ % ld",b,i,i,b% i);
}
void main
```

```
{
    long int a,b,i;
    a= 809;
    for(i= 10;i< 100;i+ + )
    {
        b= i* a+ 1;
        if(b> = 1000&&b< = 10000&&8* i< 100&&9* i> = 100)
        output(b,i);
    }
}
```

(43)八进制数转换为十进制数。

分析:注意八进制数转换成十进制数的计算规则。

程序源代码:

```
# include "stdio.h"
void main
{
    char * p,s[6];int n;
    p= s;
    gets(p);
    n= 0;
    while(* (p)! = '\0')
    {
        n= n* 8+ * p- '0';
        p+ + ;
    }
    printf("% d",n);
}
```

(44)编写两个字符串连接的程序。

分析:通过字符数组存储字符串的字符序列。

程序源代码:

```
# include "stdio.h"
void main
{
    char a[]= "acegikm";
    char b[]= "bdfhjlnpq";
    char c[80],* p;
    int i= 0,j= 0,k= 0;
    while(a[i]! = '\0'&&b[j]! = '\0')
    {
```

```
        if (a[i])
        {
            c[k]= a[i];i+ + ;
        }
        else
            c[k]= b[j+ + ];
        k+ + ;
    }
    c[k]= '\0';
    if(a[i]= = '\0')
        p= b+ j;
    else
        p= a+ i;
    strcat(c,p);
    puts(c);
}
```

第三部分

C语言课程设计

◆　一、C 语言课程设计的目的和要求

C 语言课程设计旨在通过程序设计的实践训练提高学生的编程能力。通常读者应在学习 C 语言的全部基础知识后,能独立完成本书第一部分的 C 语言实验,参考第二部分 C 语言常见解题算法与实现来做一些相对综合性较高、实用性较强的编程题目。

课程设计的时间通常为一周。软件环境要求:Windows 操作系统、C 语言开发工具软件(建议使用 VC++6.0)和 Word(用于编写设计报告)。

在完成课程设计的过程中,可查阅、自学相关参考资料。

1. 目的

C 语言课程设计能培养学生独立思考、综合运用所学知识的能力,能更好地巩固“C 语言程序设计”课程的内容,进一步加深学生对 C 语言的理解和掌握,帮助学生掌握工程软件设计的基本方法、强化上机动手编程能力、闯过理论与实践相结合的难关。

C 语言课程设计为学生提供了一个动手动脑、独立实践的机会,将课本上的理论知识和实际应用有机地结合起来,锻炼学生分析和解决实际问题的能力,提高学生实际编程的能力,掌握基本的程序设计过程和技巧,具备初步的高级语言程序设计能力,为后续各门计算机课程的学习和毕业设计打下坚实基础。

课程设计可以培养学生的团队合作精神、创新意识及创新能力,让学生体会团队合作的重要性和必要性。

2. 要求

(1)能对系统进行正确的功能模块分析、控制模块分析,符合选题要求,实现相应功能;可以添加其他功能或修饰,使程序更加完善、合理。

(2)系统设计要实用,编程简练,功能全面。

(3)程序相关文档的语言表达要清楚明了,能够绘制流程图等。

(4)能合理计划设计过程,记录设计情况。

(5)采用模块化程序设计方法,能合理运用自定义函数。

(6)记录详细的上机调试过程。

(7)按设计报告要求撰写报告。

(8)上交内容:设计报告一份(按格式书写)、源程序一份。

◆　二、C 语言课程设计报告书的格式及内容

待完成 C 语言课程设计的结构设计、源代码编写及调试后,应将设计过程、源代码、调试过程及小结撰写成一份报告。报告一般包括以下内容:

1)封面。

2)目录。

3)设计任务书或选题概述。

4)设计过程,可包括以下四部分内容:

(1)系统总体框架设计;

（2）各模块的功能分析；

（3）程序结构（画流程图）；

（4）本系统涉及的知识点。

5）编码实现、测试与运行分析：

（1）源程序清单；

（2）运行效果，可包括测试方案与运行结果；

（3）结果分析。

6）总结（设计体会及展望）。

7）参考文献。

◆ 三、C 语言课程设计实例

【实例 1】小型简易银行管理系统

1）封面：略。

2）目录：略。

3）设计任务书。

设计一个简易的银行管理系统，要求有友好的交互界面、明确的功能，操作简单方便。用户界面至少包括用户开户、用户登录、存款、取款、查询余额以及退出等基本功能。

用函数实现各功能模块，用数组实现批量数据的存储，用 switch 实现不同功能模块的选择。各个函数之间连接性较好。要求贯彻结构化的程序设计思想，代码应适当缩进，并给出必要的注释，以增强程序的可读性。

4）设计过程。

（1）系统总体框架设计：将系统功能划分为若干个模块。系统功能模块设计图如图 3-1 所示。

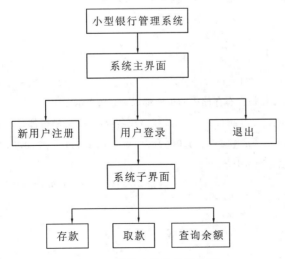

图 3-1　系统功能模块设计图

（2）各模块的功能分析：

①用户注册模块：实现程序最初运行时，自动创建用户账户，并且在以后的运行中追加

新用户信息的功能。创建下一个新用户时账户编号自动加一,并选择一种存款模式(定期或者活期)。

②用户登录模块:实现对用户账号的验证,并显示用户的基本信息。

③存款模块:用户在储存时,能及时提示存储金额,以备查询。

④取款模块:用户在取款时,能及时提示取款金额,以备查询。若在注册时选定期存款模式,则不允许用户做取款操作。

⑤查询余额模块:允许输入正确账号的用户对余额进行查询。

⑥退出模块:实现用户在各个模块之间的随意切换、返回上一级界面以及退出系统。

(3)各模块功能的设计思路:略。

(4)涉及的知识点:略。

5)编码实现、测试与运行分析。

(1)程序源代码:

```c
# include< stdio.h>
# include< string.h>
# include< conio.h>
# include< stdlib.h>
# define ESC 27                    //宏定义 ESC 键

void creatnewaccount();           //用户开户函数
void save();                      //存储函数
void withdraw();                  //取款函数
int  mainmenu();                  //显示主界面函数
void accountmenu();               //显示存储界面函数
void checkbalance();              //余额检测函数
void checktable();            //检测是否可以取出
void show();            //进入账户后显示界面
void quit();

int numberarray[10]= {- 1,- 1,- 1,- 1,- 1,- 1,- 1,- 1,- 1,- 1};
//存储号码数组,凡是没有存储人的位置都以- 1来表示
char namearray[10][20];           //存储姓名数组,每一横行都是一个名字
double balancearray[10]= {0.0,0.0,0.0,0.0,0.0,0.0,0.0,0.0,0.0,0.0};
//客户的初始化金额都是 0
int index;                        //index 是客户信息存储位置的下标

void main()
{
    printf("\n 欢迎使用小型银行系统 \n");
```

```
        mainmenu();
    }


    //显示主界面函数的函数体
    int mainmenu()
    {
        int select= - 1;
        printf("\t\t\t* * * * * * * * * * * * * * * * * * * * * * * * * * *
* * * * * * * * \n");
        printf("\t\t\t* 系统主菜单              * \n");
        printf("\t\t\t* * * * * * * * * * * * * * * * * * * * * * * * * * *
* * * * * * * * \n");
        printf("\t\t\t* 1.新用户注册                * \n");
        printf("\t\t\t* 2.用户登录                 * \n");
        printf("\t\t\t* 3.退出                   * \n");
        printf("\t\t\t* * * * * * * * * * * * * * * * * * * * * * * * * * *
* * * * * * * * \n");
        printf("\t\t\t* * * * * * * * * * * * * * * * * * * * * * * * * * *
* * * * * * * * \n");
        printf("\n 请输入您选择的序号:\n");
        scanf("% d",&select);
        while(1)
        switch(select)
        {
        case 1:
            creatnewaccount();
            break;
        case 2:
            accountmenu();
            break;
        case 3:
            quit();
            exit (0);
            break;
        default:

            printf("\n 亲,不要调皮,请输入正确的序号! \n");
            printf("\n 按下任意键返回主菜单! \n");
            if(getch()= = ESC)
                quit();
```

```
        else
            mainmenu();
        break;
    }
}


//用户开户函数
int number= 62257748;
int choice;
void creatnewaccount()
{
    int i;                          //客户的号码
    char name[20];                  //客户姓名
    int len;                        //姓名长度
    printf("\n 感谢你的使用,您的账户编号为: % d * 请牢记 * \n",number);len=
strlen(name);


    for(i= 0;i< 10;i+ + )
    {
        if(numberarray[i]= = - 1)
        {
            numberarray[i]= number;
        ndex= i;
            break;
        }
    }
    number+ + ;
    printf("\n 请输入您的姓名:\n");
    scanf("% s",name);//用户姓名存进数组
    for(i= 0;i< len;i+ + )
        {
            namearray[index][i]= name[i];
        }
    namearray[index][len]= '\0';
    printf("\n\n 恭喜,注册成功! \n 欢迎您使用本系统,请选择一种账户类型:\n");
    printf("\n1.定期:为期一年,其间不允许取出 \n");
    printf("\n2.活期:时间灵活,可随存随取 \n");
    printf("请选择:\n\n");


    scanf("% d",&choice);
```

```
        switch(choice)

            {

            case 1:

                printf("\n 您选择的账户类型为:定期\n");break;

            case 2:

                printf("\n 您选择的账户类型为:活期\n");break;

            }

        printf("\n 请核实您的信息:\n");

        printf("\n");

        printf("\n");

        printf("\n 您的开户账号:% d\n",numberarray[index]);

        printf("\n 用户名:% s\n",name);

        printf("\n 当前账户余额:% lf 元\n",balancearray[index]);

        printf("\n 按下任意键返回菜单! \n");

            if(getch()= = ESC)

                quit();

            else

                mainmenu();

}


//显示存储界面函数
void accountmenu()

{

    int   i,number;

    printf("\n 请输入您的账户号码:\n");

    scanf("% d",&number);

    for(i= 0;i< 10;i+ + )

    {

        if(numberarray[i]= = number)

            {

                printf("\n 账户信息核对正确! \n");

                index= i;

                show();

            }

        }

        if(i> = 10)

            {

                printf("\n 对不起,您输入的号码错误,请核对后再次输入! \n\n");

                mainmenu();
```

```
            }
        printf("\n");
    }
//存储函数的函数体
void save()
{
    double money;
    printf("\n 请输入您存入的金额:\n");
    scanf("% lf",&money);
    printf("\n");
    balancearray[index]= money+ balancearray[index];
    printf("\n 存款成功,您存入了% .2f 元! \n",money);
    printf("\n 按下任意键返回上级菜单! \n");
        if(getch()= = ESC)
            quit();
        else
            show();
}


//取款函数的函数体
void withdraw()
{
    double money;
    printf("\n 请输入您要取款的金额:\n");
    scanf("% lf",&money);
    checktable(money);
    printf("\n");
    printf("\n");
    printf("\n 按下任意键返回上级菜单! \n");
        if(getch()= = ESC)
            quit();
        else
            show();
}


//检测是否可以取出
void checktable(double i)
{
    if(choice= = 1)
```

```
            printf("\n 对不起,您选择的定期存款类型为期一年,当前不允许取出!\n");
        else
        if(i> balancearray[index])
            printf("\n 对不起,您的余额不足!\n ");
        else
            {
                balancearray[index]= balancearray[index]- i;
                printf("\n 取款成功,您取出了:% .2lf 元\n",i);
                printf("\n");
                printf("\n");
                printf("\n 按下任意键返回上级菜单!\n");
                if(getch()= = ESC)
                    quit();
                else
                    show();
            }
    }


//余额检测函数的函数体
void checkbalance()
    {

    printf("\n 您当前的存款为 % .2lf 元.\n",balancearray[index]);
    printf("\n");
    printf("\n");
    printf("\n 按下任意键返回上级菜单!\n");
    if(getch()= = ESC)
        quit();
    else
        show();
    }


    void show()
    {
    int choice= - 1;
    printf("\n");
        printf("\n");
        printf("\t\t\t* * * * * * * * * * * * * * * * * * * * * * * * * *
* * * * * * * * \n");
```

```
                        printf("\t\t\t*        菜单:                    * \n");
                        printf("\t\t\t* 1.存款                        * \n");
                        printf("\t\t\t* 2.取款                        * \n");
                        printf("\t\t\t* 3.查询余额                    * \n");
                        printf("\t\t\t* 4.返回上一级菜单              * \n");
                        printf("\t\t\t* * * * * * * * * * * * * * * * * * * * * * * *
* * * * * * * * \n");
                        printf("\n");
                        printf("\n 请输入您的选择:\n");
                        scanf("% d",&choice);
                    switch(choice)
                        {
                        case 1:
                            save();break;          //调用存储函数
                        case 2:
                            withdraw();break;          //调用取款函数
                        case 3:
                            checkbalance();break;          //调用余额检测函数
                        case 4:
                            mainmenu();break;          //回到主界面
                        default:
                        printf("\n 对不起,不要调皮,请输入上方显示的序号! \n");
                        show();
                        break;
                        }
                    }

            void quit()
            {
                printf("\n 期待您的再次光临,再见! \n");
            }
```

(2)程序运行效果。

本系统运行的主界面和用户注册界面分别如图 3-2、图 3-3 所示。

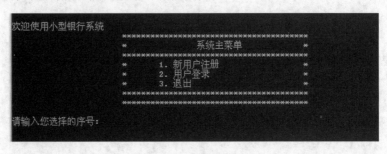

图 3-2 系统主界面

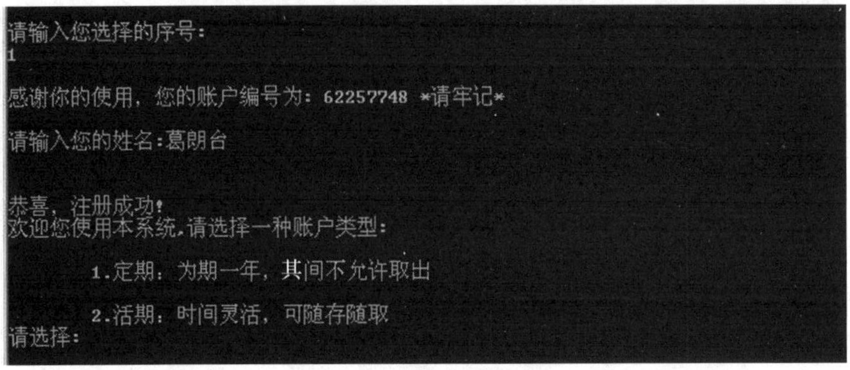

图 3-3 用户开户注册界面

本系统注册成功后,用户基本信息页面如图 3-4 所示。

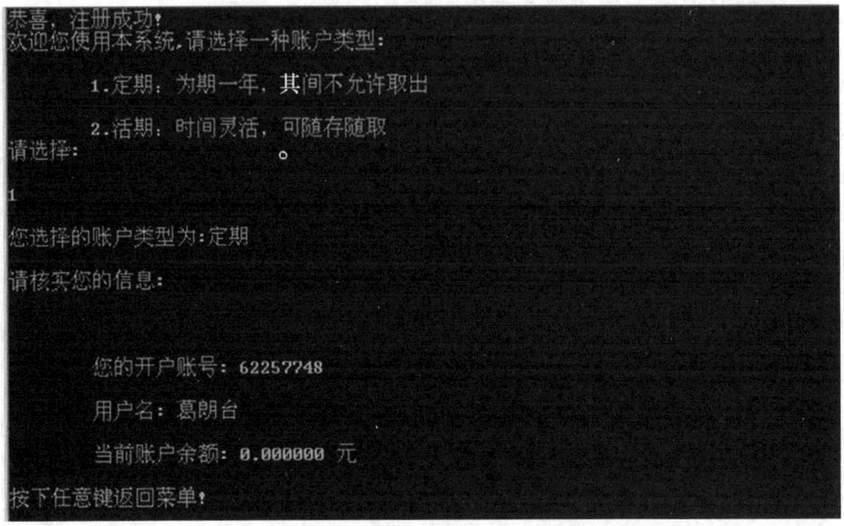

图 3-4 用户基本信息页面

图 3-5 为登录成功后进入下一级子菜单界面。

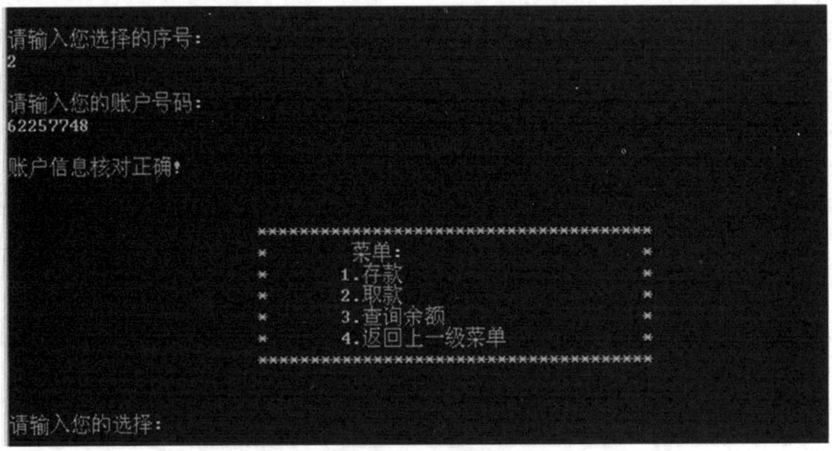

图 3-5 登录成功进入子菜单

(3)测试方案与运行结果分析:略。

6)总结:略。

7)参考文献:略。

【实例2】学生成绩管理系统

1)封面:略。

2)目录:略。

3)设计任务书。

(1)问题描述。

对在校学生几门课程的考试成绩进行统一管理,每个学生记录包括学号,姓名,年龄,数学、英语、物理成绩,默认以学号为序存放。

要求:

①一个文件里以班为单位存储学生记录。

②将允许的操作分为六种,以 A,B,C,D,E,F 为标志:

A:插入一个学生记录。

B:修改一个学生记录。

C:删除一个学生记录。

D:查找一个学生记录。

E:浏览学生成绩。

F:退出。

③计算学生的总成绩。

④按学号排序,输出全班学生成绩表。

(2)问题分析。

根据题目要求,由于学生信息是存放在文件中的,所以应提供文件的输入、输出等操作;在程序中需要浏览学生的信息,应提供显示、查找、排序等操作;另外,还应提供键盘式选择菜单以实现功能选择。

4)设计过程。

(1)系统总体框架设计。

根据上面的需求分析,可以将这个系统分为以下模块:输入模块、显示模块、修改模块、删除模块、查找模块。系统模块结果设计图如图 3-6 所示。

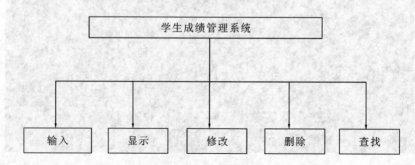

图 3-6　系统模块结果设计图

(2)各模块功能分析与设计思路。

①主函数模块。

主函数一般设计得比较简单,只提供输入、处理和输出部分的函数调用,其中各功能模块用菜单方式选择。主函数模块设计图如图 3-7 所示。

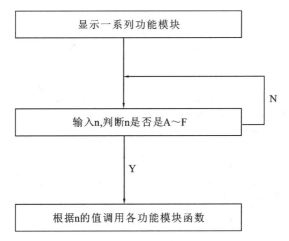

图 3-7　主函数模块设计图

②输入模块。

分析各数据信息,学号、姓名是字符型,可以采用字符型数组;分数为整数,采用整型;数据信息存放在文件中,一条记录对应一个学生,既符合习惯,又方便信息管理。

要存放若干学生信息用结构体数组:

```
struct score /* 结构体 score* /
{
    int mingci;
    char xuehao[8];
    char mingzi[20];
    char nianling[3];
    float score[6];
}data,info[1000];
int i,j,k= 0;
char temp[20],ch;
FILE * fp,* fp1;
```

③显示模块。

显示模块的功能是显示所有学生记录信息。

④修改模块。

用户输入要修改学生的学号,根据学生的学号查找学生记录,并提示用户修改该记录的哪部分信息,根据用户选择修改相应的信息。修改模块设计图如图 3-8 所示。

⑤删除模块。

删除模块的功能是,用户输入要删除的学生的学号,根据学生学号查找记录并删除。删除模块设计图如图 3-9 所示。

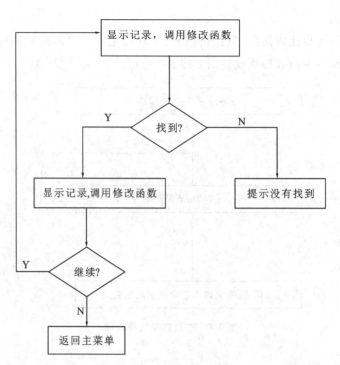

图 3-8　修改模块设计图

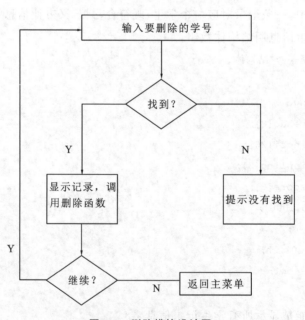

图 3-9　删除模块设计图

⑥查找模块。

查找模块的功能是根据输入的学生的学号查找对应的记录,找到以后,显示相应的学生信息。查找模块设计图如图 3-10 所示。

5)编码实现、测试与运行分析。

(1)程序源代码:

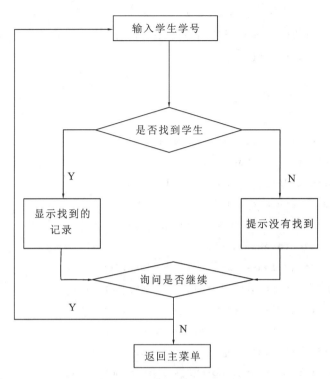

图 3-10 查找模块设计图

```
# include "stdio.h" /* I/O 函数* /
# include "stdlib.h" /* 其他说明* /
# include "string.h" /* 字符串函数* /
# include "conio.h" /* 屏幕操作函数* /
# include "mem.h" /* 内存操作函数* /
# include "ctype.h" /* 字符操作函数* /
# include "alloc.h" /* 动态地址分配函数* /
struct score /* 结构体 score* /
{
    int mingci;
    char xuehao[8];
    char mingzi[20];
    char nianling[3];
    float score[6];
}data,info[1000];
int i,j,k= 0;
char temp[20],ch;
FILE * fp,* fp1;
void shuru()
{
    if((fp= fopen("s_score.txt","ab+ ")) = = NULL)
    /* 以读写方式打开名为 s_score 的文件* /
```

```c
        {
            printf("Can not open this file.\n");
            getch();exit(0);
        }
        for(i= 0;i< = 1000;i+ + )
        {
            printf("\nPlease input xuehao:");
            gets(data.xuehao);
            printf("Please input mingzi:");
            gets(data.mingzi);
            printf("Please input nianling:");
            gets(data.nianling);
            printf("Please input shuxue score:");
            gets(temp);data.score[0]= atof(temp);
            printf("Please input yingyu score:");
            gets(temp);data.score[1]= atof(temp);
            printf("Please input wuli score:");
            gets(temp);data.score[2]= atof(temp);
            data.score[3]= data.score[0]+ data.score[1]+ data.score[2];
            fwrite(&data,sizeof(data),1,fp);
            printf("another? y/n");
            ch= getch();
            if(ch= = 'n'||ch= = 'N')
                break;
} fclose(fp); /* 读文件结束* /
}
void xianshi()
{
    float s;int n;
    if((fp= fopen("s_score.txt","rb+ "))= = NULL)
    /* 以读写方式打开名为 s_score 的文件* /
    {
        printf("Can not reading this file.\n");  /* 先检查打开的操作是否出错* /
        exit(0);
    }
    for(i= 0;i< = 1000;i+ + )
    {
        if((fread(&info[i],sizeof(info[i]),1,fp))! = 1) /* 检查是否出错* /
            break;
```

```
            }
        printf("\nxuehao mingzi nianling shuxue yingyu wuli   zongfen\n");
        for(j= 0,k= 1;j< i;j+ + ,k+ + )
            {
                info[j].mingci= k;
                printf("% 6s % 8s % 3s % 3.1f % 3.1f % 3.1f % 3.1f \n",info[j].xuehao,
info[j].mingzi, info[j].nianling, info[j].score[0], info[j].score[1], info[j].
score[2],info[j].score[3]);
            }
        getch();
        fclose(fp);
    }
    void xiugai()
    {
        if((fp= fopen("s_score.txt","rb+ "))= = NULL||(fp1= fopen("temp.txt","wb
+ "))= = NULL) /* 检查是否出错* /
            {
                printf("Can not open this file.\n");
                exit(0);
            }
        printf("\nPlease input xiugai xuehao:");
        scanf("% d",&i); getchar();
        while((fread(&data,sizeof(data),1,fp))= = 1)
            {
                j= atoi(data.xuehao);
                if(j= = i)
                    {
    printf("xuehao:% s\nmingzi:% s\nnianling:% s \n", data.xuehao, data.mingzi,
data.nianling);
                        printf("Please input mingzi:");
                        gets(data.mingzi);
                        printf("Please input shuxue score:");
                        gets(temp);data.score[0]= atof(temp);
                        printf("Please input yingyu score:");
                        gets(temp);data.score[1]= atof(temp);
                        printf("Please input wuli score:");
                        gets(temp);data.score[2]= atof(temp);
                        data.score[3]= data.score[0]+ data.score[1]+ data.score[2];

                    } fwrite(&data,sizeof(data),1,fp1);
```

```
        }
        fseek(fp,0L,0); /* 将位置指针移到离头文件 0 个字节处* /
        fseek(fp1,0L,0);
        while((fread(&data,sizeof(data),1,fp1))= = 1)
        {
            fwrite(&data,sizeof(data),1,fp);
        }

        fclose(fp);
        fclose(fp1);
    }
    void chazhao()
    {
        if((fp= fopen("s_score.txt","rb"))= = NULL)
        {
            printf("\nCan not open this file.\n");
            exit(0);
        }
        printf("\nPlease input xuehao chakan:");
        scanf("% d",&i);
        while(fread(&data,sizeof(data),1,fp)= = 1)
        {
            j= atoi(data.xuehao);
            if(i= = j)
            {
                printf ("xuehao:% s mingzi:% s \n nianling:% s \n shuxue:% f \n
yingyu:% f\n wuli:% f\n zongfen:% f\n",data.xuehao,data.mingzi,data.nianling,
data.score[0],data.score[1],data.score[2],data.score[3]);
            }getch();
        }
    }
    void shanchu()
    {
        if((fp= fopen("s_score.txt","rb+ "))= = NULL||(fp1= fopen("temp.txt","wb
+ "))= = NULL)
        {
            printf("\nOpen score.txt was failed!");
            getch();
            exit(0);
        }
```

```c
printf("\nPlease input ID which you want to del:");
scanf("% d",&i);getchar();
while((fread(&data,sizeof(data),1,fp))= = 1)
{
    j= atoi(data.xuehao);
    if(j= = i)
    {

        printf("Anykey will delete it.\n");
        getch();
        continue;
        }
        fwrite(&data,sizeof(data),1,fp1);
    }
    fclose(fp);
    fclose(fp1);
    remove("s_score.txt");
    rename("temp.txt","s_score.txt");
    printf("Data delete was successful! \n");
    printf("Anykey will return to main.");
    getch();
}
main()
{
    while(1)
    {
        clrscr();
        printf("* * * * * * * * * * * * welcome to use student manage* *
* * * * * * * * * * * * * * * \n");
    printf("* * * * * * * * * * * * * * * * * * * * * * * * * menu* * * * * *
* * * * * * * * * * * * * * * * * * * * * * \n");
    printf("* = = = = = = = = = = = = = = = = = = = = = = = = = = = = = = =
= = = = = = = = = = = = = = = = = * \n");
        printf("*  A> shuru B> xiugai *  \n");
        printf("*  C> shanchu D> chazhao *  \n");
        printf("* E> xianshi F> exit *  \n");
        printf("*  *  \n");
        printf("* - - - - - - - - - - - - - - - - - - - - - - -
- - - - - - - - - - - - - - - - - - - - - - - *  \n");
        printf(" Please input which you want(A- F):");
```

```
ch= getch();
switch(ch)
{
case 'A':shuru();break;
case 'B':xiugai(); break;
case 'C':shanchu(); break;
case 'D':chazhao(); break;
case 'E':xianshi(); break;
case 'F':exit(0);
default: continue;
}
}
}
```

（2）程序运行效果。

系统各个模块的运行界面图分别如下所示。

①主菜单模块。

学生成绩管理系统主界面如图 3-11 所示。

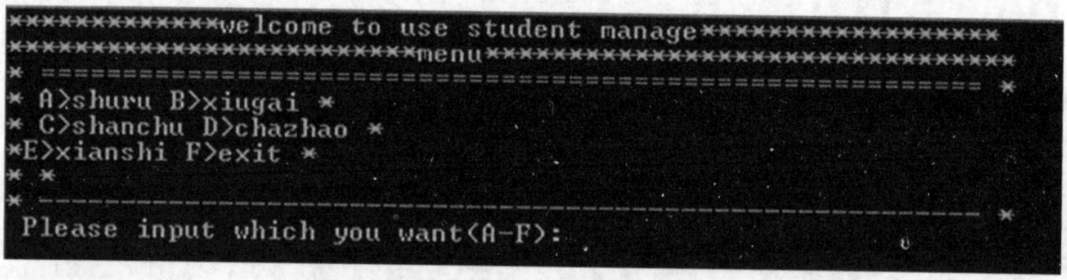

图 3-11　主界面运行情况

②输入模块。

学生成绩管理系统输入模块运行情况如图 3-12 所示。

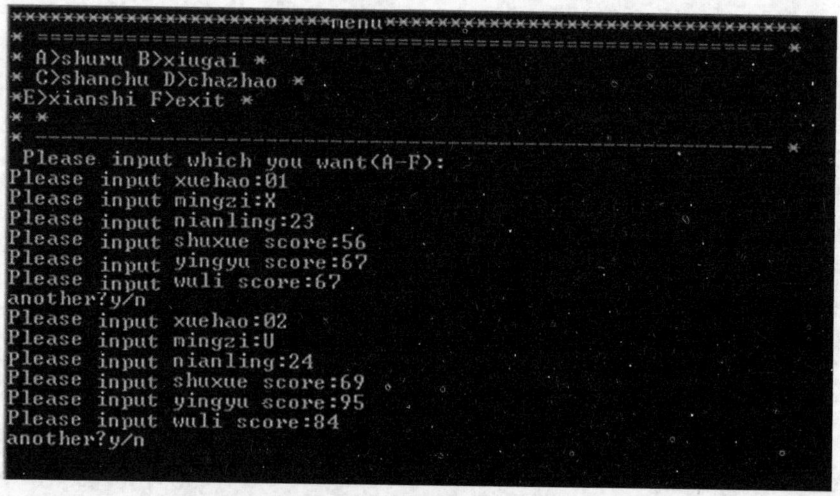

图 3-12　输入模块运行情况

③显示模块(包含按学号排序功能)。

学生成绩管理系统显示模块运行情况如图 3-13 所示。

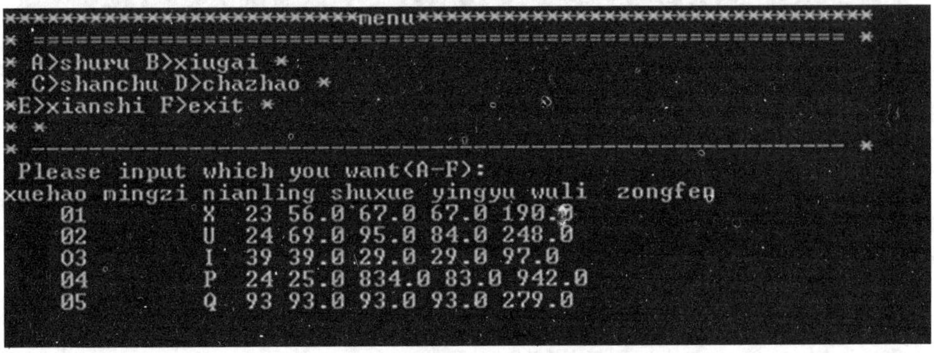

图 3-13　显示模块运行情况

④修改模块。

学生成绩管理系统修改模块运行情况如图 3-14 所示。

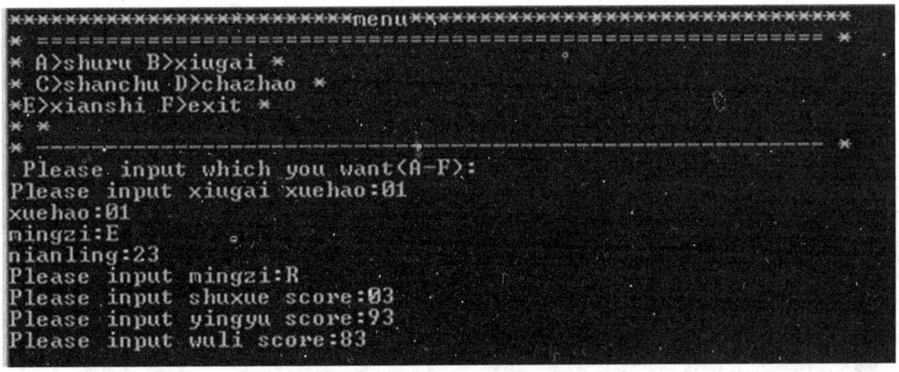

图 3-14　修改模块运行情况

⑤删除模块。

学生成绩管理系统删除模块运行情况如图 3-15 所示。

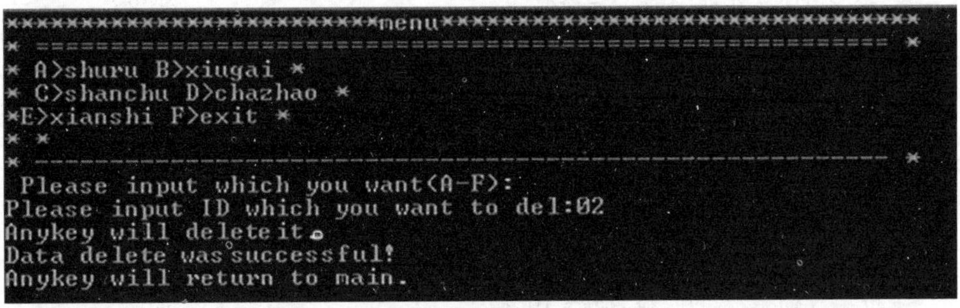

图 3-15　删除模块运行情况

⑥查找模块。

学生成绩管理系统查找模块运行情况如图 3-16 所示。

(3)测试方案与运行结果分析:略。

6)总结:略。

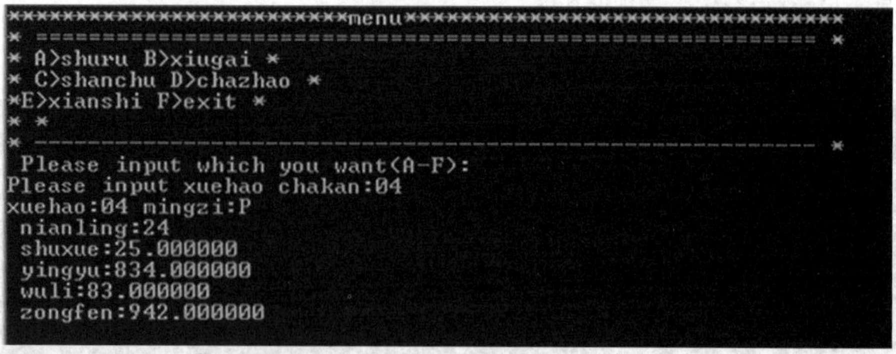

图 3-16　查找模块运行情况

7)参考文献:略。

四、C 语言课程设计选题

(一)基础篇

本部分的选题主要涉及 C 语言基本语法、三大结构、数组、函数。

1. 理财划算器

小张现有现金 10 万元,为实现合理理财,究竟应该选择何种方案来实现 2 年内达到 20%的总收益?

下面是各种理财产品和银行 2021 年定期存款利率情况,请分别计算出 2 年内根据不同情况得到的收益,并得出最后结论。

- 活期存款:0.3%。
- 余额宝产品:每天的年化收益在变动,变动区间是 4.8%～7%。
- 银行整存整取定期:

    ➢ 3 个月,年化收益是 1.35%;

    ➢ 6 个月,年化收益是 1.55%;

    ➢ 12 个月,年化收益是 1.75%;

    ➢ 3 年,年化收益是 2.75%。

- 交给业余在校炒股"高手":平均每个月从股市进出资金 3 次,亏 1 次(损失本金的 5%),赚 2 次(净赚本金的 3%～10%)。
- 交给基金经理:

    ➢ 按年给予 7%的收益,概率 70%;

    ➢ 按年亏损 17%的收益,概率 10%;

    ➢ 按年亏损 5%的收益,概率 20%。

要求:

①提供系统操作的主界面;

②通过一组测试题,评估用户对投资是保守型、平衡型或是激进型,由不同的类型给出用户不同的投资方案;

③对不同的功能设计不同的函数,完成函数的设计和调用;

④程序具备良好的交互性。

2. 万年历

系统实现万年历的功能,并以交互的方式显示。该系统适用于从公元1年1月1日至公元10000年之间所有日期的显示。在屏幕上任意输入某一年,系统可输出该年的年历;在屏幕上任意输入某年的某月,都会以一个二维数组的形式显示该月所有天数以及每天所对应的星期值;在屏幕上任意输入年、月、日,都会显示出该天是星期几。

要求:

①提供系统操作的主界面;

②查询某年某月某日(阳历)是星期几;

③判断某年是否是闰年;

④查询某月的最大天数;

⑤对不同的功能设计不同的函数,完成函数的设计和调用;

⑥程序具备良好的交互性。

3. 巧虎和兔子赛跑

巧虎和兔子赛跑游戏是小朋友非常喜欢的一款游戏,请用程序来模拟巧虎和兔子赛跑的游戏过程,比赛规则约定如下:

巧虎的规则是:50%的机会快走(前进3格);20%的机会下滑(后退6格);30%的机会慢走(前进1格)。

兔子的规则是:20%的机会睡觉(不移动);20%的机会大跳(前进9格);10%的机会大滑(后退12格);30%的机会小跳(前进1格);20%的机会小滑(后退2格)。

最先走到整80格,夺得红旗的一方为胜,程序在一条线上打印巧虎和兔子的移动轨迹,当两者重合时打印P。巧虎用T表示,兔子用R表示。

要求:

①正确产生随机数;

②正常控制时间间隔,利用时钟促发设置每秒执行一次循环;

③正确显示巧虎和兔子的当前位置;

④对不同的功能设计不同的函数,完成函数的设计和调用;

⑤程序具备良好的交互性。

4. 人机苹果大战

了解游戏的设计思想,了解斐波那契数列的应用方法。游戏输赢评定标准:给定一定数量的苹果,人和电脑谁取了最后一个苹果就算谁赢得比赛。游戏规则是:人和电脑双方轮流取苹果;第一次无论哪一方先取苹果,都只能取"1至(苹果总数-1)"之间的数,之后每一方交替,取苹果数只能是"1至上一次对方取苹果数目的两倍"之间的数;每次任意一方取完苹果后,苹果总数量会减少,直至为零,表示苹果取完,游戏结束。因此,程序应该有明确的提示信息,提示用户输入的苹果数应所属的个数范围。用户输入之后,程序必须检查用户输入是否正确。

斐波那契数列:

Fibonacci:1,1,2,3,5,8,13,21,34,55,89,…,f(n) = f(n−2) + f(n−1)

要注意在对一个数进行斐波那契分解时,要把已知数分解为从大到小的斐波那契数,如8=5+3,而不是 8=5+2+1,不能跳跃取数,否则可能导致错误的判断。赢取游戏的关键是:如果一方正处于所剩苹果数目为一个 Fibonacci 数时,如果人的这一方不能取完苹果,则一定处于"输的状态"。例如,现在剩 3 个苹果,如果你无法取完,则无论你取 1 个或 2 个,电脑在此均可以取完剩下的苹果而获胜。任何一个数都可以分解为几个 Fibonacci 数之和,如12=8+3+1,34=21+13,8=5+3 等;如果现在轮到一方取,这一方恰巧可以取到现在所剩苹果总数分解为 Fibonacci 数之和中的那个最小的 Fibonacci 数,则那一方现在就处于"胜利的状态",但并不表示已经胜利,因为后面也必须一直取正确数目的苹果才能最终获胜。

要求:

①正确产生随机数;

②提示用户输入的苹果数应所属的个数范围;

③检查用户输入的数量是否在范围内;

④对不同的功能设计不同的函数,完成函数的设计和调用;

⑤程序具备良好的交互性。

5. 小学生测验

面向小学 1 至 2 年级学生,随机选择两个整数和加减法形成算式要求学生解答。规则是由电脑随机出 20 道题,每道题 5 分,答题结束时显示学生得分;确保算式没有超出 1 至 2 年级的水平,只允许进行 100 以内的加减法,不允许两数之和或之差超出 0 至 100 的范围,负数更是不允许的;每道题学生有三次机会输入答案,当学生输入错误答案时,提醒学生重新输入,如果三次机会结束则输出正确答案;对于每道题,学生第一次输入正确答案得 5 分,第二次输入正确答案得 3 分,第三次输入正确答案得 1 分,否则不得分。

评判准则:总成绩 90 分以上显示"你很聪明",81～90 分显示"棒棒哒",71～80 分显示"不错",60～70 分显示"通过",60 分以下"再试一次吧"。

要求:

①提供系统操作的主界面;

②自动出具 20 道符合范围的测试题;

③在给出最终的成绩后,允许用户打印显示所有的错题;

④对不同的功能设计不同的函数,完成函数的设计和调用;

⑤程序具备良好的交互性。

6. 新猜数游戏

游戏的开始由机器产生一个 1 至 100 之间的随机数,三位游戏者 A、B、C 在程序的提示下轮流猜数字,若某位游戏者猜测的数超过范围则要挨打,并计−1 分,当游戏者 A 猜测的数在 1 至 100 的范围内,但又不等于预定的随机数时,程序为该游戏者计 1 分,并对下一位游戏者提示:请在某猜测数(上一位游戏者猜测的数)至 100 之间猜数,或 1 至某猜测数(上一位游戏者猜测的数)之间猜数。以此类推,直到有游戏者猜出预定的随机数,得 10 分,程序结束。统计游戏者 A、B、C 最终的得分情况。

比如预定的猜测数是 56(三位游戏者并不知道该数)。

游戏者 A 猜:50。

程序提示:游戏者 A 得 1 分,请在 50～100 猜数。

游戏者 B 猜:80。

程序提示:游戏者 B 得 1 分,请在 50～80 猜数。

游戏者 C 猜:40。

程序提示:游戏者 C 吃我一棒槌,得－1 分,请在 50～80 猜数。

……

游戏者 C 猜:56。

程序提示:游戏者 C 猜对啦,得＋10 分,棒棒哒!

要求:

①提供系统操作的主界面;

②提示用户输入当前猜数时应所属正确的数据范围;

③检查用户输入的数量是否在范围内,并及时统计各位游戏者的得分;

④对不同的功能设计不同的函数,完成函数的设计和调用;

⑤程序具备良好的交互性。

(二)提高篇

本部分的选题主要涉及 C 语言中的三大结构、数组、函数、指针、结构体、文件。

1. 校园超市总营业额分析程序

校园超市要求盘点每天商品的销售记录,每笔销售记录应包含 3 条数据:文具的名称、文具的销售数量、文具的单价。例如:Pen,5 支,2 元。将周一至周日每天的销售记录存储到文件里,周末进行盘存,从文件读取数据,并汇总出周销售额。可预先给出校园超市中的 10 件常见商品。

要求:

①提供系统操作的主界面;

②正确地读、取文件;

③周末盘存时,汇总本周所有销售商品的总销售额;

④对不同的功能设计不同的函数,完成函数的设计和调用;

⑤程序具备良好的交互性。

2. 奖学金评选系统

将班上同学本学期 8 门课程,其中包含 4 门核心课,其成绩全部存储到数组中,并将数组中的数据存储到文件。要求在评选奖学金时,从文件里读取全班同学的成绩,对于每位学生汇总总分及计算平均分并输出。程序最终给出评选结果,总分排名前 10 位的同学分别获得甲等奖学金(2 位)、乙等奖学金(3 位)、丙等奖学金(5 位)。如果全部课程总分相同,核心课总分高的排前面,无须考虑极其特殊的情况。

要求：

①提供系统操作的主界面；

②正确地读、取文件；

③程序须给出评选奖学金的结果；

④对不同的功能设计不同的函数，完成函数的设计和调用；

⑤程序具备良好的交互性。

3. 学号智能播报系统

学号智能播报系统可对学生基本信息如姓名、性别、年龄、院系、班级、学籍进行录入，学籍信息有入学、转专业、退学、降级、休学和毕业等。学号示例为 201104201，2021 代表当前入学年份，04 代表所在学院，2 代表班级，01 代表序号。通过对学号的分解，程序应能判断出学籍的基本情况，是入学还是毕业，如果录入出错应给出提示。可以通过学号进行查找，并自动生成一段文字。如学号为 201104201 的同学是一名男生，他今年 18 岁，是一名来自人工智能学院的新生。

要求：

①提供系统操作的主界面；

②正确使用结构体或数组；

③程序须预先给出学院及对应序号的关系，登记学生的学号时需要进行判重，对于已经存在的学号须给出无法录入的提示，当学号符合要求时，方可录入其余信息；

④通过对学号的分析，及时判断学籍的录入状态；

⑤录入结束后，可通过学号对该生的基本情况进行播报；

⑥对不同的功能设计不同的函数，完成函数的设计和调用；

⑦程序具备良好的交互性。

第四部分

C语言考试试题及解析

全国计算机等级考试二级 C 语言真题及解析

一、选择题

(1)某二叉树的中序序列为 DCBAEFG,后序序列为 DCBGFEA,则该二叉树的深度(根结点在第 1 层)为(　　)。

A.5　　　　　　　　B.4　　　　　　　　C.3　　　　　　　　D.2

(2)设有定义:struct{int n;float x;}s[2],m[2]={{10,2.8},{0,0.0}};,则以下赋值语句中正确的是(　　)。

A.s[0]=m[1];　　B.s=m;　　　　　C.s.n=m.n;　　　D.s[2].x=m[2].x;

(3)关于 C 语言标识符,以下叙述错误的是(　　)。

A.标识符可全部由数字组成

B.标识符可全部由下划线组成

C.标识符可全部由小写字母组成

D.标识符可全部由大写字母组成

(4)以下程序段中的变量已定义为 int 类型,则

```
sum= pAd= 5;
pAd= sum+ + ,+ + pAd,pAd+ + ;
printf("% d\n",pAd);
```

程序段的输出结果是(　　)。

A.6　　　　　　　　B.4　　　　　　　　C.5　　　　　　　　D.7

(5)设循环队列为 Q(1:m),其初始状态为 front＝rear＝m。经过一系列入队与退队运算后,front＝20,rear＝15。现要在该循环队列中寻找最小值的元素,最坏情况下需要比较的次数为(　　)。

A.5　　　　　　　　B.6　　　　　　　　C.m−5　　　　　　D.m−6

(6)以下选项中,合法的 C 语言常量是(　　)。

A.1.234　　　　　　B.'C++'　　　　　C."\2.0　　　　　　D.2Kb

(7)设有定义

```
int x= 0,* p;
```

立即执行以下语句,正确的语句是(　　)。

A.p＝x;　　　　　　　　　　　　　B. * p＝x;

C.p＝NULL;　　　　　　　　　　　D. * p＝NULL;

(8)C 语言中,最基本的数据类型包括(　　)。

A.整型、实型、逻辑型　　　　　　　B.整型、字符型、数组

C.整型、实型、字符型　　　　　　　D.整型、实型、结构体

(9)下列叙述中错误的是(　　)。

A.算法的时间复杂度与算法所处理数据的存储结构有直接关系

B.算法的空间复杂度与算法所处理数据的存储结构有直接关系

C.算法的时间复杂度与空间复杂度有直接关系

D.算法的时间复杂度与算法程序执行的具体时间是不一致的

(10)以下能正确输出字符 a 的语句是(　　)。

A. printf("%s","a");　　　　　　　　B. printf("%s",'a');

C. printf("%c","a");　　　　　　　　D. printf("%d",'a');

(11)字符数组 a 和 b 中存储了两个字符串,判断字符串 a 和 b 是否相等,应当使用的是
(　　)。

A. if(strcmp(a,b)==0)　　　　　　　B. if(strcpy(a,b))

C. if(a==b)　　　　　　　　　　　　D. if(a=b)

(12)设有定义

```
int x= 11,y= 12,z= 0;
```

以下表达式值不等于 12 的是(　　)。

A.(z,x,y)　　　　　　B.(z=x,y)　　　　　　C. z=(x,y)　　　　　　D. z=(x==y)

(13)下列叙述中正确的是(　　)。

A.存储空间连续的数据结构一定是线性结构

B.存储空间不连续的数据结构一定是非线性结构

C.没有根结点的非空数据结构一定是线性结构

D.具有两个根结点的数据结构一定是非线性结构

(14)以下选项中,合法的实数是(　　)。

A. 4.5E2　　　　　　B. E1.3　　　　　　C. 7.11E　　　　　　D. 1.2E1.2

(15)以下选项中叙述正确的是(　　)。

A.函数体必须由 ﹛ 开始

B. C 程序必须由 main 语句开始

C. C 程序中的注释可以嵌套

D. C 程序中的注释必须在一行完成

(16)在源程序的开始处加上"♯include<stdio. h>"进行文件引用的原因,以下叙述正确的是(　　)。

A. stdio. h 文件中包含标准输入输出函数的函数说明,通过引用此文件以便能正确使用printf、scanf 等函数

B.将 stdio. h 中标准输入输出函数链接到编译生成的可执行文件中,以便能正确运行

C.将 stdio. h 中标准输入输出函数的源程序插到引用处,以便进行编译链接

D.将 stdio. h 中标准输入输出函数的二进制代码插到引用处,以便进行编译链接

(17)下面属于白盒测试方法的是(　　)。

A.边界值分析法　　　　　　　　B.基本路径测试

C.等价类划分法　　　　　　　　D.错误推测法

(18)有以下程序(其中的 strstr() 函数头部格式为:char * strstr(char * p1,char * p2)，确定 p2 字符串是否在 p1 中出现，并返回 p2 第一次出现的字符串首地址）：

```
# include < stdio.h>
# include < string.h>
char * a= "you";
char * b= "Welcome you to Beijing!";
void main()
{
    char * p;
    p= strstr(b,a)+ strlen(a)+ 1;
    printf("% s\n",p);
}
```

程序的运行结果是（   ）。

A. to Beijing!

B. you to Beijing!

C. Welcome you to Beijing!

D. Beijing!

(19)有如下程序：

```
# include < stdio.h>
void change(int * array, int len)
{
    for(; len> = 0;len- - )
    array[len]- = 1;
}
void main()
{
    int i, array[5] = {2,2};
    change(array,4);
    for(i= 0;i< 5;i+ + )
    printf("% d,",array[i]);
    printf("\n");
}
```

程序运行后的输出结果是（   ）。

A. 1,1,−1,−1,−1,

B. 1,0,−1,1,−1,

C. 1,1,1,1,1,

D. 1,−1,1,−1,1,

(20)有如下程序：

```
# include < stdio.h>
void main()
{
    int i,data;
    scanf("% d",&data);
    for(i= 0;i< 5;i+ + )
```

```
        {
            if(i < data) continue;
            printf("% d,",i);
        }
    printf("\n");
    }
```

程序运行时,从键盘输入 3<回车> 后,程序输出结果为(   )。

A. 3,4,   B. 1,2,3,4,

C. 0,1,2,3,4,5,   D. 0,1,2,

(21)设序列长度为 n,在最坏情况下,时间复杂度为 O($\log_2$ n)的算法是(   )。

A. 二分法查找   B. 顺序查找

C. 分块查找   D. 哈希查找

(22)有以下程序:

```
# include < stdio.h>
void main()
{
    int x;
    scanf("% d",&x);
    if(x> 10) printf("1");
    else if(x> 20) printf("2");
    else if(x> 30) printf("3");
}
```

若运行时输入 35<回车>,则输出结果是(   )。

A. 123   B. 2   C. 3   D. 1

(23)以下非法的字符常量是(   )。

A. '\\n'   B. '\101'   C. '\x21'   D. '\0'

(24)有以下程序:

```
# include < stdio.h>
# define S(x) x* x
void main()
{
    int k= 5, j= 2;
    printf("% d,% d\n",S(k+ j+ 2),S(j+ k+ 2));
}
```

程序的运行结果是(   )。

A. 21,18   B. 81,81   C. 21,21   D. 18,18

(25)一名雇员就职于一家公司,一家公司有多名雇员,则实体公司和实体雇员之间的联系是(   )。

A. 1∶1 联系   B. 1∶m 联系   C. m∶1 联系   D. m∶n 联系

(26)将 E-R 图转换为关系模式时,E-R 图中的实体和联系都可以表示为(　　)。

A. 属性　　　　　　　B. 键　　　　　　　C. 关系　　　　　　　D. 域

(27)以下针对全局变量的叙述错误的是(　　)。

A. 全局变量的作用域是从定义位置开始至源文件结束

B. 全局变量是在函数外部任意位置上定义的变量

C. 用 extern 说明符可以限制全局变量的作用域

D. 全局变量的生存期贯穿于整个程序的运行期间

(28)有以下程序:

```
# include< stdio.h>
void main()
{
  char * s =  "120119110";
  int n0,n1,n2,nn,i;
  n0= n1= n2= nn= i= 0;
  do
  {
    switch(s[i+ + ])
    {
      default: nn + + ;
      case'0': n0 + + ;
      case'1': n1 + + ;
      case'2': n2 + + ;
    }
  } while(s[i]);
  printf("n0= % d,n1= % d,n2= % d,nn= % d\n",n0,n1,n2,nn);
}
```

程序的运行结果是(　　)。

A. n0＝3,n1＝8,n2＝9,nn＝1　　　　B. n0＝2,n1＝5,n2＝1,nn＝1

C. n0＝2,n1＝7,n2＝10,nn＝1　　　　D. n0＝4,n1＝8,n2＝9,nn＝1

(29)在最坏情况下(　　)。

A. 快速排序的时间复杂度比冒泡排序的时间复杂度要小

B. 快速排序的时间复杂度比希尔排序的时间复杂度要小

C. 希尔排序的时间复杂度比直接插入排序的时间复杂度要小

D. 快速排序的时间复杂度与希尔排序的时间复杂度是一样的

(30)有如下程序:

```
# include < stdio.h>
void main()
{
  int x= 0x13;
```

```
    if (x= 0x18) printf("T");
    printf("F");
    printf("\n");
  }
```

程序运行后的输出结果是(　　)。

A. TF　　　　　　　B. T　　　　　　　　C. F　　　　　　　D. TFT

(31)以下关于宏的叙述错误的是(　　)。

A.宏替换不具有计算功能

B.宏是一种预处理指令

C.宏名必须用大写字母构成

D.宏替换不占用运行时间

(32)有以下程序：

```
# include < stdio.h>
int fun(char * s)
{
  char * p= s;
  while( * p+ +  ! = '\0');
  return(p- s);
}
void main()
{
  char * p= "01234";
  printf("% d\n",fun(p));
}
```

程序的运行结果是(　　)。

A. 6　　　　　　　　B. 5　　　　　　　　C. 4　　　　　　　D. 3

(33)计算机软件包括(　　)。

A.算法和数据　　　　　　　　　　B. 程序和数据

C.程序和文档　　　　　　　　　　D. 程序、数据及相关文档

(34)有如下程序：

```
# include < stdio.h>
void main()
{
  int i, array[5] =  {3,5,10,4};
  for (i= 0;i< 5;i+ + )
  printf("% d,",array[i]&3);
  printf("\n");
}
```

程序运行后的输出结果是(　　)。

A. 3,1,2,0,0,　　　　　　　　　　B. 3,5,10,4,0,

C. 3,3,3,3,0,　　　　　　　　　　D. 3,2,2,2,0,

(35)以下叙述正确的是(　　　)。

A. do-while 语句构成的循环,当 while 语句中的表达式值为 0 时结束循环

B. do-while 语句和 while-do 构成的循环功能相同

C. while-do 语句构成的循环,当 while 语句中的表达式值为非 0 时结束循环

D. do-while 语句构成的循环,必须用 break 语句退出循环

(36)关于地址和指针,以下说法正确的是(　　　)。

A. 通过强制类型转换可以将一种类型的指针变量赋值给另一种类型的指针变量

B. 可以取一个常数的地址赋值给同类型的指针变量

C. 可以取一个表达式的地址赋值给同类型的指针变量

D. 可以取一个指针变量的地址赋值给基类型相同的指针变量

(37)下面描述不属于软件特点的是(　　　)。

A. 软件是一种逻辑实体,具有抽象性

B. 软件在使用中不存在磨损、老化问题

C. 软件复杂性高

D. 软件使用不涉及知识产权

(38)以下程序的功能是:通过调用 calc 函数,把所求得的两数之和值放入变量 add 中,并在主函数中输出。

```
# include < stdio.h>
void calc(float x, float y, float * sum)
{
    _____ = x+ y;
}
void main ()
{
    float x, y, add;
    scanf("% f% f", &x, &y);
    calc(x, y, &add);
    printf("x+ y= % f\n", add);
}
```

calc 函数中下划线处应填入的是(　　　)。

A. * sum　　　　　　　　　　　　B. sum

C. & sum　　　　　　　　　　　　D. add

(39)有以下程序:

```
# include< stdio.h>
void main()
```

```
    {
        char c;
        for(;(c= getchar())! = '# ';) putchar(+ + c);
    }
```

执行时如输入 abcdefgh#<回车>,则输出结果是(   )。

A. abcdefg   B. bcdefgh $

C. bcdefgh $ $ D. bcdefgh

(40)有以下程序:

```
# include < stdio.h>
void fun(int * x,int s,int e)
{
    int i,j,t;
    for(i= s,j= e;i< j;i+ + ,j- - )
    {
        t= * (x+ i);
        * (x+ i)= * (x+ j);
        * (x+ j)= t;
    }
}
void main()
{
    int m[]= {0,1,2,3,4,5,6,7,8,9},k;
    fun(m,0,3);
    fun(m+ 4,0,5);
    fun(m,0,9);
    for(k= 0;k< 10;k+ + )
    printf("% d",m[k]);
}
```

程序的运行结果是(   )。

A. 4567890123   B. 3210987654

C. 9876543210   D. 0987651234

二、程序填空题

下列给定程序的功能是调用 fun 函数建立班级通信录。通信录中记录每位学生的编号、姓名和电话号码。班级人数和学生信息从键盘读入,个人的信息作为一个数据块写到名为 myfile5. dat 的二进制文件中。

请在程序的下划线处填入正确的内容并将下划线删除,使程序得出正确的结果。

注意:部分源程序给出如下。

不得增行或删行,也不得更改程序的结构!

```c
/* * * * * * * * * code.c* * * * * * * * * */
# include < stdio.h>
# include < stdlib.h>
# define N 5
typedef struct
{
int num;
char name[10];
char tel[10];
}STYPE;
void check();
/* * * * * * * * * * found* * * * * * * * * */
int fun(_____①_____ * std)
{
/* * * * * * * * * * found* * * * * * * * * */
_____②_____ * fp; int i;
if((fp= fopen("myfile5.dat","wb")) = = NULL)return(0);
printf("\nOutput data to file! \n");
for(i= 0;i< N;i+ + )
/* * * * * * * * * * found* * * * * * * * * */
fwrite(&std[i],sizeof(STYPE),1,_____③_____);
fclose(fp);
return(1);
}
void main()
{
STYPE    s [10] = {{1," aaaaa"," 111111"}, {1," bbbbb"," 222222"}, {1," ccccc","
333333"},{1,"ddddd","444444"}, {1,"eeeee","555555"} };
int k;
k= fun(s);
if(k= = 1)
{
printf("Succeed!");
check();
}
else printf("Fail!");
}
void check()
{
```

```
FILE * fp; int i;
STYPEs[10];
if((fp= fopen("myfile5.dat","rb"))= = NULL)
{
printf("Fail! \n");
exit(0);
}
printf("\nRead file and output to screen: \n");
printf("\n num name tel\n");
for(i= 0;i< N;i+ + )
{
fread(&s[i],sizeof(STYPE),1,fp);
printf("% 6d % s % s\n",s[i].num, s[i].name,s[i].tel);
}
fclose(fp);
}
/* * * * * * * * * * - code.c* * * * * * * * * * /
```

三、程序改错题

下列给定程序中,函数 fun 的功能是:从 s 所指字符串中,找出 t 所指字符串的个数作为函数值返回。例如,当 s 所指字符串中的内容为"abcdabfab",t 所指字符串的内容为"ab",则函数返回整数 3。

请改正程序中的错误,使它能得出正确的结果。

注意:不要改动 main 函数,不得增行或删行,也不得更改程序的结构!

```
/* * * * * * * * * * code.c* * * * * * * * * * /
# include < stdlib.h>
# include < conio.h>
# include < stdio.h>
# include < string.h>
int fun(char * s, char * t)
{
int n;
char * p, * r;
n= 0;
while(* s)
{
p= s;
r= t;
while(* r)
/* * * * * * * * * * found* * * * * * * * * * /
```

```
      if(* r= = * p){r+ + ; p+ + }
      else break;
      /* * * * * * * * * found* * * * * * * * * * /
      if(r= = '\0')
      n+ + ;
      s+ + ;
      }
      return n;
      }
      void main()
      {
      char s[100],t[100]; int m;
      system("CLS");
      printf("\nPlease enter strings:");
      scanf("% s",s);
      printf("\nPlease enter substrings:");
      scanf("% s",t);
      m= fun(s,t);
      printf("\nThe result is:m= % d\n", m);
      }
      /* * * * * * * * * * - code.c* * * * * * * * * /
```

四、程序设计题

请编写一个函数 void fun(int tt[M][N],int pp[N]),tt 指向一个 M 行 N 列的二维数组,求出二维数组每列中最大元素,并依次放入 pp 所指的一维数组中。二维数组中的数已在主函数中给出。

注意:部分源程序给出如下。

请勿改动主函数 main 和其他函数中的任何内容,仅在函数 fun 的花括号中填入你编写的若干语句。

```
/* * * * * * * * * * code.c* * * * * * * * * * /
# include < stdlib.h>
# include < conio.h>
# include < stdio.h>
# define M 3
# define N 4
void fun(int tt[M][N],int pp[N])

{
```

```
        }
        void main()
        {
        int t[M][N]= {{68,32,54,12},{14,24,88,58},{42,22,44,56}};
        int p[N],i,j,k;
        system("CLS");
        printf("The riginal data is:\n");
        for(i= 0;i< M;i+ + )
        {
        for(j= 0;j< N;j+ + )printf("% 6d",t[i][j]);
        printf("\n");
        }
        fun(t,p);
        printf("\nThe result is:\n");
        for(k= 0;k< N;k+ + )printf("% 4d",p[k]);
        printf("\n");
        }
```

五、参考答案及解析

(一)选择题

(1)B。

【解析】二叉树的后序序列为 DCBGFEA,则 A 为根结点。中序序列为 DCBAEFG,则 DCB 为左子树结点,EFG 为右子树结点。同理 B 为 C 父结点,C 为 D 父结点。根据分析,可画出左子树,同理 E 为 F 父结点,F 为 G 父结点。根据分析,可画出右子树,故二叉树深度为 4 层。答案选择 B 选项。

(2)A。

【解析】定义了结构体类型数组 s,长度为 2,结构体类型数组 m,长度为 2 ,并对数组 m 进行了初始化。同类型的结构体可以直接用变量名实现赋值,A 项正确;数组名为数组首地址,地址常量之间不可以相互赋值,B 项错误;数组名为地址常量,不是结构体变量,不能引用成员,C 项错误;s[2]与 m[2] 数组越界,D 项错误。答案选择 A 选项。

(3)A。

【解析】C 语言标识符只能由字母、数字、下划线构成,且只能以字母、下划线开头,故答案选择 A 选项。

（4）D。

【解析】自增和自减运算符的两种用法:前置运算,运算符放在变量之前,规则是先使变量的值增(或减)1,然后以变化后表达式的值参与其他运算;后置运算,运算符放在变量之后,规则是变量先参与其他运算,然后再使变量的值增(或减)1。执行 pAd＝sum＋＋,sum＋＋是后置自增,执行完后,pAd＝5,sum＝6。＋＋pAd 和 pAd＋＋语句中没有其他运算,即效果相同,pAd 分别加 1,两句执行完后,pAd＝7。答案选择 D 选项。

（5）D。

【解析】循环队列是队列的一种顺序存储结构,用队尾指针 rear 指向队列中的队尾元素,用队首指针指向队首元素的前一个位置,因此,从队首指针 front 指向的后一个位置直到队尾指针 rear 指向的位置之间所有的元素均为队列中的元素,队列初始状态为 front＝rear＝m,当 front＝20,rear＝15 时,队列中有 m－20+15＝m－5 个元素,最坏情况下需要比较的次数为 m－6 次。答案选择 D 选项。

（6）A。

【解析】C 语言中的常量：①整型常量,用不带小数点的数字表示;②实型常量,用带小数点的数字表示;③字符型常量,用带有单引号的一个字符表示;④字符串常量,用一对双引号括起来的一串字符表示。1.234 为实型常量,A 项正确;'C＋＋' 不合法,若改成 "C＋＋" 则为字符串常量,B 项错误;"\2.0 不合法,不是任何类型常量,C 项错误;2Kb 不合法,若加上双引号 "2Kb" 为字符串常量,D 项错误。答案选择 A 选项。

（7）C。

【解析】p 没有初始化,不能用 *p 直接访问,但可以进行赋值操作。注意,p＝NULL 并不是指向地址为 0 的存储单元,而是具有一个确定的值 ——"空"。答案选择 C 选项。

（8）C。

【解析】C 语言中,最基本的数据类型包括整型、实型、字符型,答案选择 C 选项。

（9）C。

【解析】算法的时间复杂度是指执行算法所需要的计算工作量。数据的存储结构直接决定数据输入,因此会影响算法所执行的基本运算次数,A 项正确;算法的空间复杂度是指执行这个算法所需要的内存空间,其中包括输入数据所占的存储空间,B 项正确;算法的时间复杂度与空间复杂度没有直接关系,C 项错误;算法程序执行的具体时间受到所使用的计算机、程序设计语言以及算法实现过程中的许多细节影响,而算法的时间复杂度与这些因素无关,所以算法的时间复杂度与算法程序执行的具体时间是不一致的,D 项正确。答案选择 C 选项。

（10）A。

【解析】输出函数 printf() 的一般形式为"printf("格式控制字符串",输出项 1,输出项 2,…)",输出项的形式要和格式控制字符串中的格式控制符保持一致。"％s"为输出字符串,"％c"为输出单个字符,"％d"为以十进制形式输出带符号整数,答案选择 A 选项。

（11）A。

【解析】C语言中,判断字符串是否相等,使用字符串比较函数 strcmp(),不能使用相等操作符"=="。使用 strcmp(s1,s2) 函数比较 s1 和 s2 所指字符串的大小时,若串 s1>串 s2,函数值大于 0(正数);若串 s1=串 s2,函数值等于 0;若串 s1<串 s2,函数值小于 0(负数)。答案选择 A 选项。

(12)D。

【解析】逗号表达式的计算过程是从左到右逐个求每个表达式的值,取最右边一个表达式的值作为该逗号表达式的值。赋值运算结合性为由右向左结合,赋值运算符左值为变量,右值为变量或常量或表达式,且左右两边数据类型相同才能实现赋值。成功实现赋值后以左值为返回值。逻辑表达式成立则返回 1,不成立返回 0。D 选项逻辑表达式 x==y 不成立,则 z=0,表达式值为 0。A 选项逗号表达式(z,x,y)取 y 值为表达式值 12;B 选项逗号表达式 x,y 取 y 值为表达式值,然后赋值给 z=12,表达式值为 12;C 选项逗号表达式(x,y)取 y 值为表达式值,然后赋值给 z=12,表达式值为 12。答案选择 D 选项。

(13)D。

【解析】A 项错误,数据结构线性与否与存储空间是否连续没有直接关系,如二叉树可以用一片连续的空间来存储,但二叉树为非线性结构;B 项错误,线性表的链式存储结构可以用不连续的空间来存储,但线性表为线性结构;C 项错误,没有根结点的非空数据结构一定不是线性结构;D 项正确,线性结构有且只有一个根结点,具有两个根结点的结构一定是非线性结构。答案选择 D 选项。

(14)A。

【解析】实型常量用带小数点的数字表示,其值有两种表达形式,分别为十进制小数形式和指数形式。十进制小数形式由数字和小数组成,必须有小数点,且小数点的位置不受限制。指数形式由十进制数加阶码标志"e"或"E"以及阶码(只能为整数,可以带符号)组成。4.5E2 为指数形式实数,A 项正确;E1.3 阶码标志前缺少十进制数,并且阶数不是整数,B 项错误;7.11E 缺少阶数,C 项错误;1.2E1.2 阶数不是整数,D 项错误。答案选择 A 选项。

(15)A。

【解析】函数体是函数首部下面的花括号内的部分,所以函数体必须由{开始,A 选项正确;一个源程序文件可以包括预处理命令、全局声明、函数定义,程序总是从 main 函数开始执行的,不是 main 语句,B 选项错误;函数可以嵌套,注释不能嵌套,C 选项错误;C 程序中允许两种注释,即以//开头的单行注释和以/*开始、以*/结束的块式注释,D 选项错误。答案选择 A 选项。

(16)A。

【解析】"stdio.h"文件中包含标准输入输出函数的函数说明,预处理指令 #include<stdio.h>是指程序可以在该文件中找到 printf()、scanf() 等函数,答案选择 A 选项。

(17)B。

【解析】白盒测试是把程序看成装在一只透明的白盒子里,测试者完全了解程序的结构和处理过程。它根据程序的内部逻辑来设计测试用例,检查程序中的逻辑通路是否都按预定的要求正确地工作。白盒测试的主要技术有逻辑覆盖测试、基本路径测试等，B 选项正确。常用的黑盒测试方法和技术有等价类划分法、边界值分析法、错误推测法和因果图等，A、C、D 三项错误。答案选择 B 选项。

（18）A。

【解析】调用 strstr 函数，返回值为 a 指向的字符串在 b 指向的字符串中第一次出现的位置，并将此地址赋给指针 p。strlen()函数求字符串的实际长度（不包含结束标志）。strstr 函数返回的地址下标值为 8，加上 a 长度 3，再加 1，指针 p 指向的地址下标值为 12，输出 to Beijing!，答案选择 A 选项。

（19）A。

【解析】在 main()函数中，首先给一维数组 array 赋初值[2,2,0,0,0]，再调用 change 函数，对 array 数组中的每一个数进行减 1 处理，最后使用 for 循环语句输出数组元素的值，答案选择 A 选项。

（20）A。

【解析】continue 语句只能用在循环结构中，其作用是结束本次循环，即不再执行循环体中 continue 语句之后的语句，而是立即转入对循环条件的判断与执行。本题执行过程为：输入 3，则 data＝3；执行 for 循环，i＝0，if 条件成立，结束本次循环，不输出 i 值，执行下一次循环；直到 i＞＝3，if 条件不成立，依次输出 i 值 3，4，；直到 i＝5 退出 for 循环。答案选择 A 选项。

（21）A。

【解析】对长度为 n 的线性表排序，最坏情况下时间复杂度，二分法查找为 $O(\log_2 n)$；顺序查找为 $O(n)$；分块查找时间复杂度与分块规则有关；哈希查找时间复杂度为 $O(1)$，因其通过计算哈希函数来定位元素位置，所以只需一次即可。答案选择 A 选项。

（22）D。

【解析】程序执行过程为：输入 35＜回车＞，scanf 函数从键盘读入 35 赋值给 x＝35，对 if 条件进行判断，35＞10，条件成立，输出 1，不再执行下面的 else if 语句，程序结束。答案选择 D 选项。

（23）A。

【解析】C 语言允许使用一些以特殊形式出现的字符常量，使用'\n'来表示换行，'\n'实际上是一个字符，它的 ASCII 码值为 10，不存在'\\n'用法。答案选择 A 选项。

（24）A。

【解析】带参数的宏的替换过程是，用宏调用提供的实参字符串直接置换宏定义命令行中相应形参字符串，非形参字符保持不变。S(k+j+2)被置换成 k+j+2＊k+j+2，计算时先计算 2＊k，结果为 21；S(j+k+2)被置换成 j+k+2＊j+k+2，计算时先计算 2＊j，结果为 18。程序的运行结果是 21，18。答案选择 A 选项。

（25）B。

【解析】实体集之间的联系分为 3 类：一对一联系（1∶1）、一对多联系（1∶m）、多对多联系（m∶n）。题目中一名雇员就职于一家公司，一家公司有多名雇员，公司与雇员之间的联系为一对多(1∶m)联系。答案选择 B 选项。

(26)C。

【解析】采用 E-R 方法得到的全局概念模型是对信息世界的描述,为了适合关系数据库系统的处理,必须将 E-R 图转换成关系模式。E-R 图是由实体、属性和联系组成的,而关系模式中只有一种元素——关系。答案选择 C 选项。

(27)C。

【解析】在不同编译单位内用 extern 说明符来扩展全局变量的作用域,extern 可以将全局变量作用域扩展到其他文件,而不是限制全局变量的作用域。答案选择 C 选项。

(28)A。

【解析】本题执行过程为:s[0]='1',匹配 case'1',n1=1,n2=1;s[1]='2',匹配 case'2',n2=2;s[2]='0',匹配 case'0',n0=1,n1=2,n2=3;s[3]='1',匹配 case'1',n1=3,n2=4;s[4]='1',匹配 case'1',n1=4,n2=5;s[5]='9',匹配 default,nn=1,n0=2,n1=5,n2=6;s[6]='1',匹配 case'1',n1=6,n2=7;s[7]='1',匹配 case'1',n1=7,n2=8;s[8]='0',匹配 case'0',n0=3,n1=8,n2=9;s[9]='\0',对应 ASCII 码为 0,退出循环。输出 n0,n1,n2,nn 为 3,8,9,1。答案选择 A 选项。

(29)C。

【解析】最坏情况下:快速排序与冒泡排序的时间复杂度均为 $O(n^2)$,A 项错误;快速排序比希尔排序的时间复杂度要大($O(n^2) > O(n^{1.5})$),B,D 项错误;希尔排序的时间复杂度比直接插入排序的时间复杂度要小 ($O(n^{1.5}) < O(n^2)$),C 项正确。答案选择 C 选项。

(30)A。

【解析】x=0x18 为赋值表达式,十六进制数 0x18 非 0,故 x 非 0,if 条件成立输出 T,之后再输出 F 与回车符。程序运行后的输出结果是 TF。答案选择 A 选项。

(31)C。

【解析】宏名习惯采用大写字母,以便与一般变量区别,但是并没有规定一定要用大写字母,答案选择 C 选项。

(32)A。

【解析】程序执行过程为:定义字符串指针 p 并将其初始化为"01234",调用函数 fun(p),将指针传入函数。fun 函数功能即返回字符串首地址与结束符下一个地址之差,也即字符串长度加 1。输出地址差为 6,答案选择 A 选项。

(33)D。

【解析】计算机软件由两部分组成:①机器可执行的程序和数据;②机器不可执行的,与软件开发、运行、维护、使用等有关的文档。答案选择 D 选项。

(34)A。

【解析】在对数组进行初始化时,如果在声明数组时给出了长度,但没有给所有的元素赋予初始值,那么 C 语言将自动对余下的元素赋初值 0,即 array={3,5,10,4,0}。按位与运算"&",当参加运算的两个二进制数的对应位都为 1,则该位的结果为 1,否则为 0。将数组元素与 3 按位与,即 3&3=3,5&3=1,10&3=2,4&3=0,0&3=0。for 循环输出与运算结果：3，1，2，0，0，。答案选择 A 选项。

（35）A。

【解析】B 项错误，do-while 语句先执行循环体，再判断循环条件语句，while-do 循环先判断循环条件语句，再执行循环体；C 项错误，while-do 语句构成的循环，while 语句中的表达式值为 0 时结束循环；D 项错误，do-while 语句除了可以使用 break 语句退出循环外，还可以使用循环条件语句，当不满足循环条件时退出循环。答案选择 A 选项。

（36）A。

【解析】常数的地址存储在内存的常量区，常量区存储的都是常量，值都是不可修改的，所以直接取常量的地址赋给指针变量没有任何意义，C 语言也不允许这样做，编译会出错，B 项错误；表达式的值存储在临时变量中，内存中存在专门用来存储临时变量的区域对这块地址进行操作也是没有意义的，C 语言不允许这样做，编译会出错，C 项错误；可以取一个指针变量的地址，但是指针变量的地址属于指针，只能赋值给指针类型的指针变量，D 项错误。答案选择 A 选项。

（37）D。

【解析】软件具有以下特点：①软件是一种逻辑实体，具有抽象性；②软件没有明显的制作过程；③软件在使用期间不存在磨损、老化问题；④软件对硬件和环境具有依赖性；⑤软件复杂性高，成本昂贵；⑥软件开发涉及诸多的社会因素，如知识产权等。答案选择 D 选项。

（38）A。

【解析】程序的执行过程为：从键盘读入两个 float 类型数据，分别赋给 x，y，调用函数 calc 将 x 与 y 的值与 add 变量地址传入函数，地址赋给指针 sum，函数体中将两数之和放入指针指向的地址，指针正确的引用形式为 * sum，这表示变量，可以被赋值。所以下划线处填写 * sum。答案选择 A 选项。

（39）D。

【解析】for 循环每次将函数 getchar（）的输入值赋给变量 c，如果不等于♯，则执行 putchar（＋＋c），即将当前变量 c 的 ASCII 码加 1 后，再输出改变后的变量 c 的值。当变量 c 的值等于♯，则终止循环，所以输出应该是 bcdefgh。答案选择 D 选项。

（40）A。

【解析】程序的执行过程为：定义数组 m，并为其赋初值，数组长度为 10。调用函数 fun（m，0，3）将数组首地址传入函数，函数实现将数组下标值从 0 到 3 的元素首尾倒置，for 循环结束之后数组为 m＝{3，2，1，0，4，5，6，7，8，9}。调用函数 fun（m＋4，0，5）将数组下标值为 4 的元素地址传入函数，函数实现将数组下标值从 4 到 9 的元素首尾倒置，for 循环结束之后数组为 m＝{3，2，1，0，9，8，7，6，5，4}。调用函数 fun（m，0，9）将数组首地址传入函数，函数实现将数组下标值从 0 到 9 的元素首尾倒置，for 循环结束之后数组为 m＝{4，5，6，7，8，9，0，1，2，3}。依次输出数组元素，结果为 4567890123。答案选择 A 选项。

（二）程序填空题

【参考答案】

①STYPE；

②FILE；

③fp。

【解析】

填空①：根据主函数中的调用函数可知，函数的形参应为结构体类型，因此填入STYPE。填空②：fp是指向文件类型的指针变量，因此填入FILE。填空③：函数fwrite调用的一般形式为"fwrite(buffer,size,count,fp);"，其中，fp表示文件指针。

(三)程序改错题

【参考答案】

(1)错误：if(* r== * p){r++;p++}

正确：if(* r== * p){r++;p++;}

(2)错误：if(r=='\0')

正确：if(* r=='\0')

【解析】

错误(1)：在经过"if"判断后执行后面括号内的语句时，每条语句应以";"做结尾，"p++"后面没有分号是错误的。

错误(2)：该题目中定义 * r为指针变量，r为指针名称，对其所指内容进行判断时应加" * "。

(四)程序设计题

【参考答案】

```
int i,j,max;
if(tt= = NULL||pp= = NULL)return;
for(j= 0;j< N;j+ + )
{
max= tt[0][j];/* 假设各列中的第一个元素最大 * /
for(i= 1;i< M;i+ + )if(tt[i][j]> max)max= tt[i][j];/* 如果各列中的其他元素比最
大值大,则将这个更大的元素看作当前该列中的最大元素* /
pp[j]= max;/* 将各列的最大值依次放入pp数组中 * /
}
```

【解析】

根据题意可知，fun函数实现的功能是对给定二维数组中每列的元素进行比较，得出最大值后依次输出至一维数组中。设计思路如下：定义一个最大值变量max，首先将每列的第一个元素设为最大值，然后将最大值max与第二个元素比较，较大值赋给max；以此类推，将max依次与第三，…，M个元素比较，得出该列最大值，并进行输出。

全国计算机技术与软件专业技术资格(水平)考试(初级程序员)真题及解析

一、上午试卷

(1)在 Windows 资源管理器中,如果先选中某个文件,再按 Delete 键可以将该文件删除,但需要时还能将该文件恢复。若用户同时按下 Delete 和( )组合键,则可删除此文件且无法从"回收站"恢复。

A. Ctrl   B. Shift   C. Alt   D. Alt 和 Ctrl

(2)计算机软件有系统软件和应用软件,下列( )属于应用软件。

A. Linux   B. Unix   C. Windows 7   D. Internet Explorer

(3)下列要素中,不属于 DFD 的是( )。

A. 加工

B. 数据流

C. 数据存储

D. 联系

(4)当使用 DFD 对一个工资系统进行建模时,( )可以被认定为外部实体。

A. 接收工资单的银行   B. 工资系统源代码程序

C. 工资单   D. 工资数据库的维护

(5)统一资源地址(URL) http://www.xyz.edu.cn/index.html 中的 http 和 index.html 分别表示( )。

A. 域名、请求查看的文档名

B. 所使用的协议、访问的主机

C. 访问的主机、请求查看的文档名

D. 所使用的协议、请求查看的文档名

(6)以下关于 CPU 的叙述中正确的是( )。

A. CPU 中的运算单元、控制单元和寄存器组通过系统总线连接起来

B. 在 CPU 中,获取指令并进行分析是控制单元的任务

C. 执行并行计算任务的 CPU 必须是多核的

D. 单核 CPU 不支持多任务操作系统而多核 CPU 支持

(7)计算机系统采用( )技术执行程序指令时,多条指令执行过程的不同阶段可以同时进行处理。

A. 流水线   B. 云计算   C. 大数据   D. 面向对象

(8)总线的带宽是指( )。

A. 用来传送数据、地址和控制信号的信号线总数

B. 总线能同时传送的二进制位数

C. 单位时间内通过总线传输的数据总量

D. 总线中信号线的种类

(9)以下关于计算机系统中高速缓存(Cache)的说法中,正确的是( )。

A. Cache 的容量通常大于主存的存储容量

B. 通常由程序员设置 Cache 的内容和访问速度

C. Cache 的内容是主存内容的副本

D. 多级 Cache 仅在多核 CPU 中使用

(10)(　　)是计算机进行运算和数据处理的基本信息单位。

A. 字长　　　　　　B. 主频　　　　　　C. 存储速度　　　　D. 存取容量

(11)通常,用于大量数据处理为主的计算机对(　　)要求较高。

A. 主机的运算速度、显示器的分辨率和 I/O 设备的速度

B. 显示器的分辨率、外存储器的读写速度和 I/O 设备的速度

C. 显示器的分辨率、内存的存取速度和外存储器的读写速度

D. 主机的内存容量、内存的存取速度和外存储器的读写速度

(12)知识产权权利人是指(　　)。

A. 著作权人　　　　B. 专利权人　　　　C. 商标权人　　　　D. 各类知识产权所有人

(13)以下计算机软件著作权权利中,(　　)是不可以转让的。

A. 发行权　　　　　B. 复制权　　　　　C. 署名权　　　　　D. 信息网络传播权

(14)(　　)图像通过使用色彩查找表来获得图像颜色。

A. 真彩色　　　　　B. 伪彩色　　　　　C. 黑白　　　　　　D. 矢量

(15)在显存中,表示黑白图像的像素点最少需(　　)个二进制位。

A. 1　　　　　　　　B. 2　　　　　　　　C. 8　　　　　　　　D. 16

(16)Alice 发给 Bob 一个经 Alice 签名的文件,Bob 可以通过(　　)验证该文件来源的合法性。

A. Alice 的公钥　　B. Alice 的私钥　　C. Bob 的公钥　　　D. Bob 的私钥

(17)防火墙不能实现(　　)的功能。

A. 过滤不安全的服务

B. 控制对特殊站点的访问

C. 防止内网病毒传播

D. 限制外部网对内部网的访问

(18)DDOS(distributed denial of service)攻击的目的是(　　)。

A. 窃取账号

B. 远程控制其他计算机

C. 篡改网络上传输的信息

D. 影响网络提供正常的服务

(19)对于浮点数 $x=m*2^i$ 和 $y=w*2^j$,已知 $i>j$,那么进行 $x+y$ 运算时,首先应该对阶,即(　　),使其阶码相同。

A. 将尾数 m 左移(i−j)位

B. 将尾数 m 右移(i−j)位

C. 将尾数 w 左移(i−j)位

D. 将尾数 w 右移(i−j)位

(20)已知某字符的 ASCII 码值用十进制表示为 69,若用二进制形式表示并将最高位设置为偶校验位,则为(   )。

A. 11000101   B. 01000101
C. 11000110   D. 01100101

(21)设机器字长为 8,对于二进制编码 10101100,如果它是某整数 x 的补码表示,则 x 的真值为(   )。

A. 84   B. −84   C. 172   D. −172

(22)接上题,若它是某无符号整数 y 的机器码,则 y 的真值为(   )。

A. 52   B. 84   C. 172   D. 204

(23)在操作系统的进程管理中若系统中有 6 个进程要使用互斥资源 R,但最多只允许 2 个进程进入互斥段(临界区),则信号量 S 的变化范围是(   )。

A. −1~1   B. −2~1   C. −3~2   D. −4~2

(24)操作系统中进程的三态模型如下图所示,图中 a、b 和 c 处应分别填写(   )。

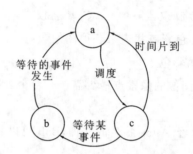

A. 阻塞、就绪、运行   B. 运行、阻塞、就绪
C. 就绪、阻塞、运行   D. 就绪、运行、阻塞

(25)在页式存储管理方案中,如果地址长度为 32 位,并且地址结构的划分如下图所示,则系统中页面总数与页面大小分别为(   )。

20 位	12 位
页号	页内地址

A. 4 Kb,1024 Kb   B. 1 Mb,4 Kb
C. 1 Kb,1024 Kb   D. 1 Mb,1 Kb

(26)用某高级程序设计语言编写的源程序通常被保存为(   )。

A. 位图文件   B. 文本文件
C. 二进制文件   D. 动态链接库文件

(27)将多个目标代码文件装配成一个可执行程序的程序称为(   )。

A. 编译器   B. 解释器   C. 汇编器   D. 链接器

(28)通用程序设计语言可用于编写多领域的程序,(   )属于通用程序设计语言。

A. HTML   B. SQL   C. Java   D. Verilog

(29)如果要使得用 C 语言编写的程序在计算机上运行,则对其源程序需要依次进行(　　)等阶段的处理。

A. 预处理、汇编和编译　　　　　　　　B. 编译、链接和汇编

C. 预处理、编译和链接　　　　　　　　D. 编译、预处理和链接

(30)一个变量通常具有名字、地址、值、类型、生存期、作用域等属性,其中,变量地址也称为变量的左值(l-value),变量的值也称为其右值(r-value),当以引用调用方式,实现函数调用时,(　　)。

A. 将实参的右值传递给形参

B. 将实参的左值传递给形参

C. 将形参的右值传递给实参

D. 将形参的左值传递给实参

(31)表达式可采用后缀形式表示,例如,"a+b"的后缀式为"ab+",那么表达式"a * (b－c)+d"的后缀式表示为(　　)。

A. abc－ * d+　　　　B. abcd * －+　　　　C. abcd－ * +　　　　D. ab－c * d+

(32)对布尔表达式进行短路求值是指在确定表达式的值时,没有进行所有操作数的计算。对于布尔表达式 "a or ((b>c) and d)",当(　　)时可进行短路计算。

A. a 的值为 true　　　　　　　　　　B. d 的值为 true

C. b 的值为 true　　　　　　　　　　D. c 的值为 true

(33)在对高级语言编写的源程序进行编译时,可发现源程序中(　　)。

A. 全部语法错误和全部语义错误

B. 部分语法错误和全部语义错误

C. 全部语法错误和部分语义错误

D. 部分语法错误和部分运行错误

(34)某二叉树的先序遍历(根、左、右)序列为 EFHIGJK,中序遍历(左、根、右)序列为 HFIEJKG,则该二叉树根结点的左孩子结点和右孩子结点分别是(　　)。

A. A,DK　　　　　　B. F,I　　　　　　C. F,G　　　　　　D. I,G

(35)采用(　　)算法对序列{18,12,10,11,23,2,7}进行一趟递增排序后,其元素的排列变为{12,10,11,18,2,7,23}。

A. 选择排序　　　　B. 快速排序　　　　C. 归并排序　　　　D. 冒泡排序

(36)对于一个相始为空的栈,其入栈序列为 1,2,3,…,n (n>3),若出栈序列的第一个元素是 1,则出栈序列的第 n 个元素(　　)。

A. 可能是 2～n 中的任何一个　　　　B. 一定是 2

C. 一定是 n－1　　　　　　　　　　D. 一定是 n

(37)为支持函数调用及返回,常采用称为"(　　)"的数据结构。

A. 队列　　　　　　B. 栈　　　　　　C. 多维数组　　　　D. 顺序表

(38)在 C 程序中有一个二维数组 A[7][8],每个数组元素用相邻的 8 个字节存储,那么存储该数组需要的字节数为(　　)。

A. 56   B. 120   C. 448   D. 512

(39)设 S 是一个长度为 n 的非空字符串,其中的字符各不相同,则其互异的非平凡子串(非空且不同于 S 本身)的个数是(   )。

A. 2n−1   B. n^2 C. n(n+1)/2   D. (n+2)(n−1)/2

(40)折半(二分)查找法适用的线性表应该满足(   )的要求。

A. 链接方式存储、元素有序

B. 链接方式存储、元素无序

C. 顺序方式存储、元素有序

D. 顺序方式存储、元素无序

(41)对于连通无向图 G,以下叙述中,错误的是(   )。

A. G 中任意两个顶点之间存在路径

B. G 中任意两个顶点之间都有边

C. 从 G 中任意顶点出发可遍历图中所有顶点

D. G 的邻接矩阵是对称的

(42)在面向对象的系统中,对象是运行时的基本实体,对象之间通过传递(   )进行通信。

A. 对象   B. 封装   C. 类   D. 消息

(43)(   )是对对象的抽象,对象是其具体实例。

A. 对象   B. 封装   C. 类   D. 消息

(44)在 UML 中有 4 种事物:结构事物、行为事物、分组事物和注释事物。其中,(   )事物表示 UML 模型中的名词,它们通常是模型的静态部分,描述概念或物理元素。

A. 结构   B. 行为   C. 分组   D. 注释

(45)接上题,以下(   )属于此类事物。

A. 包   B. 状态机   C. 活动   D. 构件

(46)结构型设计模式涉及如何组合类和对象以获得更大的结构,分为结构型类模式和结构型对象模式。其中结构型类模式采用继承机制来组合接口或实现,而结构型对象模式描述了如何对一些对象进行组合,从而实现新功能的一些方法。以下(   )模式是结构型对象模式。

A. 中介者(Mediator)   B. 构建器(Builder)

C. 解释器(Interpreter)   D. 组合(Composite)

(47)某工厂业务处理系统的部分需求为:客户将订货信息填入订货单,销售部员工查询库存管理系统获得商品的库存,并检查订货单,如果订货单符合系统的要求,则将批准信息填入批准表,将发货信息填入发货单;如果不符合要求,则将拒绝信息填入拒绝表。对于检查订货单,需要根据客户的订货单金额(如大于等于 5000 元或小于 5000 元)和客户目前的偿还款情况(如大于 60 天或小于等于 60 天),采取不同的动作,如不批准、发出批准书、发出发货单和发催款通知书等。根据该需求绘制数据流图,则(   )表示为数据存储。

A. 客户   B. 订货信息   C. 订货单   D. 检查订货单

(48)接上题,使用(　　)表达检查订货单的规则更合适。

A. 文字　　　　　　　B. 图　　　　　　　C. 数学公式　　　　　　D. 决策表

(49)某系统交付运行之后,发现无法处理四十个汉字的地址信息,因此需对系统进行修改。此行为属于(　　)维护。

A. 改正性　　　　　　B. 适应性　　　　　　C. 完善性　　　　　　D. 预防性

(50)某企业招聘系统中,对应聘人员进行了筛选,学历要求为本科、硕士或博士,专业为通信、电子或计算机,年龄不低于 26 岁且不高于 40 岁。(　　)不是一个好的测试用例集。

A.(本科,通信,26)、(硕士,电子,45)

B.(本科,生物,26)、(博士,计算机,20)

C.(高中,通信,26)、(本科,电子,45)

D.(本科,生物,24)、(硕士,数学,20)

(51)以下各项中,(　　)不属于性能测试。

A. 用户并发测试　　　　　　　　　　B. 响应时间测试

C. 负载测试　　　　　　　　　　　　D. 兼容性测试

(52)图标设计的准则不包括(　　)。

A. 准确表达响应的操作,让用户易于理解

B. 使用户易于区别不同的图标,易于选择

C. 力求精细、高光和完美质感,易于接近

D. 同一软件所用的图标应具有统一的风格

(53)程序员小张记录的以下心得体会中,不正确的是(　　)。

A. 努力做一名懂设计的程序员

B. 代码写得越急,程序错误越多

C. 不但要多练习,还要多感悟

D. 编程调试结束后应立即开始写设计文档

(54)云计算支持用户在任意位置、使用各种终端获取应用服务,所请求的资源来自云中不固定的提供者,应用运行的位置不对用户透明。云计算的这种特性就是(　　)。

A. 虚拟化　　　　　　B. 可扩展性　　　　　　C. 通用性　　　　　　D. 按需服务

(55)应用系统的数据库设计中,概念设计阶段是在(　　)的基础上,依照用户需求对信息进行分类、聚集和概括,建立信息模型。

A. 逻辑设计　　　　　　B. 需求分析　　　　　　C. 物理设计　　　　　　D. 运行维护

(56)在数据库系统运行维护过程中,通过重建视图能够实现(　　)。

A. 程序的物理独立性　　　　　　　　B. 数据的物理独立性

C. 程序的逻辑独立性　　　　　　　　D. 数据的逻辑独立性

(57)在某高校教学管理系统中,有院系关系 D（院系号,院系名,负责人号,联系方式）,教师关系 T（教师号,姓名,性别,院系号,身份证号,联系电话,家庭住址）,课程关系 C（课程号,课程名,学分）。其中,"院系号"唯一标识 D 的每一个元组,"教师号"唯一标识 T 的每一个元组,"课程号"唯一标识 C 中的每一个元组。

假设一个教师可以讲授多门课程，一门课程可以由多名教师讲授，则关系 T 和 C 之间的联系类型为（　　）。

A.1：1　　　　　B.1：n　　　　　C.n：1　　　　　D.n：m

(58)接上题，假设一个院系有多名教师，一个教师只属于一个院系，则关系 D 和 T 之间的联系类型为（　　）。

A.1：1　　　　　B.1：n　　　　　C.n：1　　　　　D.n：m

(59)接上题，关系 T（　　）。

A. 有 1 个候选建，为教师号

B. 有 2 个候选键，为教师号和身份证号

C. 有 1 个候选键，为身份证号

D. 有 2 个候选键，为教师号和院系号

(60)接上题，关系 T 的外键是（　　）。

A. 教师号　　　　　B. 姓名　　　　　C. 院系号　　　　　D. 身份证号

(61)某项目计划 20 天完成，花费 4 万元。在项目开始后的前 10 天内遇到了偶发事件，到第 10 天末进行中期检查时，发现已花费 2 万元，但只完成了 40% 的工作量。如果此后不发生偶发事件，则该项目将（　　）。

A. 推迟 2 天完工，不需要增加费用

B. 推迟 2 天完工，需要增加费用 4000 元

C. 推迟 5 天完工，不需要增加费用

D. 推迟 5 天完工，需要增加费用 1 万元

(62)在平面坐标系中，同时满足五个条件：$x \geq 0$；$y \geq 0$；$x+y \leq 6$；$2x+y \leq 7$；$x+2y \leq 8$ 的点集组成一个多边形区域。（　　）是该区域的一个顶点。

A.(1,5)　　　　　B.(2,2)　　　　　C.(2,3)　　　　　D.(3,1)

(63)某大型整数矩阵用二维整数组 G[1：2M,1：2N]表示，其中 M 和 N 是较大的整数，而且每行从左到右都已是递增排序，每列从上到下也都已是递增排序。元素 G[M,N]将该矩阵划分为四个子矩阵 A[1：M,1：N]，B[1：M,(N+1)：2N]，C[(M+1)：2M,1：N]，D[(M+1)：2M,(N+1)：2N]。如果某个整数 E 大于 A[M,N]，则 E（　　）。

A. 只可能在子矩阵 A 中

B. 只可能在子矩阵 B 或 C 中

C. 只可能在子矩阵 B、C 或 D 中

D. 只可能在子矩阵 D 中

(64)HTML 语言中，可使用表单＜input＞的（　　）属性限制用户可以输入的字符数量。

A. text　　　　　　　　　B. size

C. value　　　　　　　　D. Maxlength

(65)为保证安全性，HTTPS 采用（　　）协议对报文进行封装。

A. SSH　　　　　　　　　B. SSL

C. SHA-1   D. SET

(66)PING 发出的是(   )类型的报文,封装在 IP 协议数据中传送。

A. TCP 请求

B. TCP 响应

C. ICMP 请求与响应

D. ICMP 源点抑制

(67)SMTP 使用的传输协议是(   )。

A. TCP   B. IP   C. UDP   D. ARP

(68)下面地址中可以作为源地址但是不能作为目的地址的是(   )。

A. 0. 0. 0. 0   B. 127. 0. 0. 1

C. 202. 225. 21. 1/24   D. 202. 225. 21. 255/24

(69)在 Windows 系统中对用户组默认权限由高到低的顺序是(   )。

A. Everyone→administrators→power users→users

B. administrators→power users→users→Everyone

C. power users→users→Everyone→administrators

D. users→Everyone→administrators→power users

(70)接上题,如果希望某用户对系统具有完全控制权限,则应该将该用户添加到用户组(   )中。

A. Everyone   B. users

C. power users   D. administrators

(71)(   )accepts documents consisting of text and/or images and converts them to machine-readable form.

A. A printer   B. A scanner   C. A mouse   D. A keyboard

(72)(   )operating systems are used for handheld devices such as smart-phones.

A. Mobile   B. Desktop

C. Network   D. Timesharing

(73)A push operation adds an item to the top of a (   ).

A. queue   B. tree

C. stack   D. date structure

(74)(   )are small pictures that represent such items as a computer program or document.

A. Menus   B. Icons

C. Hyperlinks   D. Dialog Boxes

(75)The goal of(   ) is to provide easy,scalable access to computing resources and IT services.

A. artificial intelligence   B. big data

C. cloud computing   D. data mining

二、下午试卷

第1题

阅读下列说明和流程图,填补流程图中的空缺,将解答填入答题纸的对应栏内。

【说明】

设有二维整数数组(矩阵)A[1:m,1:n],其每行元素从左到右是递增的,每列元素从上到下是递增的。以下流程图旨在该矩阵中寻找与给定整数 X 相等的数。如果找不到则输出"False";只要找到一个(可能有多个)就输出"True"以及该元素的下标 i 和 j(注意数组元素的下标从 1 开始)。

例如,在如下矩阵中查找整数 8,则输出:True,4,1。

2 4 6 9
4 5 9 10
6 7 10 12
8 9 11 13

流程图中采用的算法如下:从矩阵的右上角元素开始,按照一定的路线逐个取元素与给定整数 X 进行比较(必要时向左走一步或向下走一步取下一个元素),直到找到相等的数或超出矩阵范围(找不到)。

【流程图】

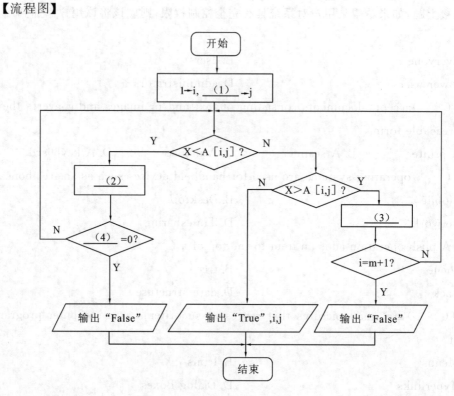

问题:该算法的时间复杂数是(   )。

供选择答案:A. O(1)   B. O(m+n)   C. O(m*n)   D. O(m²+n²)

第 2 题

阅读下列说明和 C 函数，填补函数中的空缺，将解答填入答题纸的对应栏目内。

【说明】

函数 isLegal(char * ipaddr)的功能是判断以点分十进制数表示的 IPv4 地址是否合法。参数 ipaddr 给出表示 IPv4 地址的字符串的首地址，串中仅含数字字符和"．"。若 IPv4 地址合法则返回 1，否则返回 0。判定为合法的条件是：每个十进制数的值位于整数区间[0，255]，两个相邻的树之间用"．"分隔，共 4 个数、3 个"．"。例如，192．168．0．15、1．0．0．1 是合法的，192．168．1．256、1．1．．1 是不合法的。

【C 函数】

```c
int isLegal(char *ipaddr)
{
    int flag;
    int curVal; //curVal 表示分析出的一个十进制数
    int decNum= 0,dotNum= 0; //decNum 用于记录十进制数的个数
    //dotNum 用于记录点的个数
    char* p= (1);
    for(;* p;p+ + )
    {
        curVal= 0;flag= 0;
        while(isdigit(* p))
        {//判断是否为数字字符
            curVal= (2)+ * p- '0';
            (3);
            flag= 1;
        }
        if(curVal> 255)
        {
            return 0;
        }
        if(flag)
        {
            (4);
        }
        if(* p= '.')
        {
            dotNum+ + ;
        }
    }
    if((5))
```

```
        {
            return 1;
        }
        return 0;
}
```

第 3 题

阅读下列说明和 C 函数,填补 C 函数中的空缺,将解答填入答题纸的对应栏目内。

【说明】

字符串是程序中常见的一种处理对象,在字符串中进行子串的定位、插入和删除是常见的运算。

设存储字符串时不设置结束标志,而是另行说明串的长度,因此串类型定义如下:

```
typedef struct
{
    char * str; //字符串存储空间的起始地址
    int length; //字符串长
    int capacity; //存储空间的容量
}SString;
```

【C 函数 1 说明】

函数 indexStr(S,T,pos)的功能是:在 S 所表示的字符串中,从下标 pos 开始查找 T 所表示字符串首次出现的位置。方法是:第一趟从 S 中下标为 pos、T 中下标为 0 的字符开始,从左往右逐个来比较 S 和 T 的字符,直到遇到不同的字符或者到达 T 的末尾。若到达 T 的末尾,则本趟匹配的起始下标 pos 为 T 出现的位置,结束查找;若遇到了不同的字符,则本趟匹配失效。下一趟从 S 中下标 pos+1 处的字符开始,重复以上过程。若在 S 中找到 T,则返回其首次出现的位置,否则返回-1。

例如,若 S 中的字符串为"students ents",T 中的字符串为"ent",pos=0,则 T 在 S 中首次出现的位置为 4。

【C 函数 1】

```
int index Str(SString S ,SString T, int pos)
{
int i,j:
i(S.length< 1||T.length< 1||pos+ T.length- 1)
return -1;
for(i= pos,j= 0;i< S.length &&j< T.length;)
{
if(S.str[i]= = T.str[j])
{
i+ + ;j+ + ;
}
```

```
else
{
i= (1); j= 0;
}
}
if(2)return i - T.length;
return -1;
}
```

【C 函数 2 说明】

函数 eraseStr(S,T)的功能是删除字符串 S 中所有与 T 相同的子串,其处理过程为:首先从字符串 S 的第一个字符(下标为 0)开始查找子串 T,若找到(得到子串在 S 中的起始位置),则将串 S 中子串 T 之后的所有字符向前移动,将子串 T 覆盖,从而将其删除,然后重新开始查找下一个子串 T,若找到就用后面的字符序列进行覆盖,重复上述过程,直到将 S 中所有的子串 T 删除。

例如,若字符串 S 为"12ab345abab678",T 为"ab",第一次找到"ab"时(位置为 2),将"345abab678"前移,S 中的串改为"12345abab678";第二次找到"ab"时(位置为 5),将"ab678"前移,S 中的串改为"12345ab678";第三次找到"ab"时(位置为 5),将"678"前移,S 中的串改为"12345678"。

【C 函数 2】

```
void eraseStr(SString *S,SString T)
{
int i;
int pos;
if(S- > length< 1||T.length< 1||S- > length< T.length)
return;
pos= 0;
for(;;)
{
//调用 indexStr 在 S 所表示串的 pos 开始查找 T 的位置
pos= indexStr(3) ;
if(pos=- 1) //S 所表示串中不存在子串 T
return;
for(i= pos+ T.length;i< S- > length;i+ + ) //通过覆盖来删除子串 T
S- > str[(4) ]= S- > str[i];
S- > length= (5) ; //更新 S 所表示串的长度
}
}
```

第 4 题

阅读以下说明和 C 函数,填补函数中的空缺,将解答填入答题纸的对应栏目内。

【说明】

简单队列是符合先进先出规则的数据结构,下面用不含有头结点的单向循环链表表示简单队列。

函数 EnQueue(Queue * Q, KeyType new_elem)的功能是将元素 new_elem 加入队尾。

函数 DnQueue(Queue * Q, KeyType * elem) 的功能是将非空队列的队头元素出队(从队列中删除),并通过参数带回刚出队的元素。

用单向循环链表表示的队列示意图如下所示。

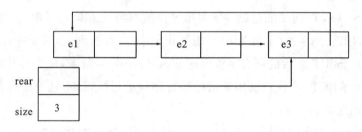

队列及链表结点等相关类型定义如下:

```
enum {ERROR, OK};
typedef int KeyType;
typedef struct QNode{
KeyType data;
struct QNode* next;
}QNode,* LinkQueue;
typedef struct{
int size;
Link:Queue rear;
}Queue;
```

【C 函数】

```
int EnQueue(Queue* Q,KeyType new_elem)
{//元素 new_elem 入队列
QNode *p;
p= (QNode* )malloc(sizeof(QNode));
if(! p)
return ERROR;
p- > data= new_elem;
if(Q- > rear)
{
p- > next= Q- > rear- > next;
(1);
```

```
            }
            else
            p- > next= p;
            (2);
            Q- > size+ + ;
            return OK;
            }
            int DnQueue(Queue* Q,KeyType* elem)
            { //出队列
            QNode *p;
            if(0==Q- > size) //是空队列
            Return ERROR;
            p= (3) ; //令 p 指向队头元素结点
            * elem = p- > data;
            Q- > rear- > next= (4) ; //将队列元素结点从链表中去除
            if((5)) //被删除的队头结点是队列中唯一结点
            Q- > rear= NULL; //变成空队列
            free(p);
            Q- > size- - ;
            return OK;
            }
```

第 5 题

阅读以下说明和 Java 程序,填补代码中的空缺,将解答填入答题纸的对应栏目内。

【说明】

以下 Java 代码实现一个简单客户关系管理系统(CRM)中通过工厂(CustomerFactory)对象来创建客户(Customer) 对象的功能。客户分为创建成功的客户(RealCustomer)和空客户(NullCustomer)。空客户对象是当不满足特定条件时创建或获取的对象。类间关系如下所示。

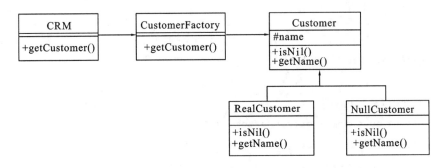

【Java 代码】

```
    abstract class Customer
    {
```

```
protected String name;
(1) boolean isNil();
(2) String getName();
}
class RealCustomer(3) Customer
{
public RealCustomer(String name){ this.name= name; }
public String getName(){ return name ; }
public boolean isNil() { return false; }
}
class NullCustomer(4) Customer
{
public String getName(){return "Not Available in Customer Database";}
public boolean isNil(){return true;}
}
class Customerfactory {
public String[] names =  {"Rob","Joe","Julie"};
public Customer getCustomer(String name)
{
for (int i =  0; i <  names.length;i+ + )
{
if (names[i])(5)
{
return new RealCustomer(name);
}
}
return(6) ;
}
}
public class CRM
{
public void get Customer()
{
Customerfactory((7)) ;
Customer customer1- cf.getCustomer("Rob");
Customer customer2= cf.getCustomer("Bob");
Customer customer3= cf.getCustomer("Julie");
Customer customer4= cf.getCustomer("Laura");
System.out.println("customers")
```

```
System.out.println(customer1.getName());

System.out.println(customer2.getName());

System.out.println(customer3.getName());

System.out.println(customer4.getName());

}

public static viod main (String[]arge)

{

CRM crm = newCRM();

crm.getCustomer();

}

}

/* 程序输出为:

Customers

Rob

Not Available in Customer Database

Julie

Not Available in Customer Database

*/
```

第 6 题

阅读下列说明和 C++代码,填补代码中的空缺,将解答填入答题纸的对应栏目内。

【说明】

以下 C++代码实现一个简单客户关系管理系统(CRM)中通过工厂(CustomerFactory)对象来创建客户(Customer)对象的功能。客户分为创建成功的客户(RealCustomer)和空客户(NullCustomer)。空客户对象是当不满足特定条件时创建或获取的对象。类间关系如下所示。

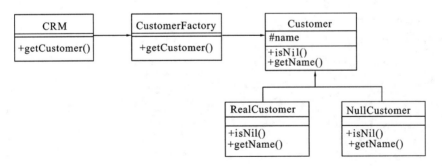

【C++代码】

```
# include< iostream>

# include< string>

using namespace std;

class Customer
```

```
{
protected:
string name;
public:
(1) boll isNil()= 0;
(2) string getName()= 0;
};
class RealCustomer (3)
{
public:
RealCustomer(string name){this- > name= name;}
bool isNil(){ return false; }
string getName(){ return name; }
};
class NullCustomer (4)
{
public:
bool isNil(){ return true; }
string getName(){return"Not Available in Customer Database";}
};
class CustomerFactory
{
public:
string names[3] = {"Rob","Joe","Julie"};
public:
Customer *getCustomer(string name){
for(int i= 0;i< 3;i+ + ){
if(names[i])(5) ){
return new realCustomer(name);
}
}
return (6);
}
};
class CRM
{
public:
void getCustomer()
{
Customerfactory* (7);
```

```
Customer* customer1= cf- > getCustomer("Rob");
Customer* customer2= cf- > getCustomer("Bob");
Customer* customer3= cf- > getCustomer("Julie");
Customer* customer4= cf- > getCustomer("Laura");
cout< < "Customers"< < endl;
cout< < Customer1- > getName()< < endl; delete customer1;
cout< < Customer2- > getName()< < endl; delete customer2;
cout< < Customer3- > getName()< < endl; delete customer3;
cout< < Customer4- > getName()< < endl; delete customer4;
delete cf;
}
};
int main()
{
CRM* crs= newCRM();
crs- > getCustomer();
delete crs;
return 0;
}
/* 程序输出为:
Customers
Rob
Not Available in Customer Database
Julie
Not Available in Customer Database
*/
```

三、参考答案及解析

（一）上午试卷

（1）B。

【解析】Delete 键删除是把文件删除到回收站,需要手动清空回收站处理掉;Shift＋Delete 删除是把文件删除但不经过回收站,不需要再手动清空回收站。

（2）D。

【解析】Internet Explorer 是微软公司推出的一款网页浏览器。国内网民计算机上常见的网页浏览器有 QQ 浏览器、Internet Explorer、搜狗浏览器、猎豹浏览器、360 浏览器等,浏览器是经常使用的客户端程序。Linux、Unix 和 Windows 都是操作系统。

（3）D。

【解析】数据流图 DFD 的基本成分有四个,分别为加工、数据流、数据存储和外部实体。

（4）A。

【解析】外部实体是指存在于软件系统之外的人员或组织,它指出系统所需的数据的源地和系统所产生的数据归宿地。对于本题来讲,银行是系统外的实体,而工资单是数据流,数据库和源代码肯定也是系统内部的资源。

(5)D。

【解析】超文本传输协议(HTTP,hypertext transfer protocol)是互联网上应用最为广泛的一种网络协议。HTML 文件即超文本标记语言文件,是由 HTML 命令组成的描述性文本。超文本标记语言,是标准通用标记语言下的一个应用。超文本就是指页面内可以包含图片、链接,甚至音乐、程序等非文字元素。超文本标记语言的结构包括头部分(head)和主体部分(body),其中头部分提供关于网页的信息,主体部分提供网页的具体内容。

(6)B。

【解析】本题考查中央处理器的知识。

(7)A。

【解析】流水线(pipeline)技术是指在程序执行时多条指令重叠进行操作的一种准并行处理实现技术。

(8)A。

【解析】本题考查总线带宽的概念。

(9)C。

【解析】高速缓冲存储器是存在于主存与 CPU 之间的一级存储器,由静态存储芯片(SRAM)组成,容量比较小但速度比主存高得多,接近于 CPU 的速度。Cache 通常保存着一份内存储器中部分内容的副本(拷贝),该内容副本是最近曾被 CPU 使用过的数据和程序代码。

(10)A。

【解析】最基本的单位是字长。

(11)D。

【解析】显示器的分辨率主要针对图像的清晰程度,与数据处理的效率无关。

(12)D。

【解析】owner of intellectual property,指合法占有某项知识产权的自然人或法人,即知识产权权利人,包括专利权人、商标注册人、版权所有人等。

(13)C。

【解析】著作人身权(发表权和署名权)不可以转让。

(14)B。

【解析】在生成图像时,对图像中不同色彩进行采样,可产生包含各种颜色的颜色表,称为色彩查找表。描述图像每个像素的颜色也可以不由每个基色分量的数值直接决定,而是把像素值作为色彩查找表的表项入口地址,去找出相应的 R、G、B 强度值所产生的色彩。用这种方法描述的像素颜色称为伪彩色。

(15)A。

【解析】0 表示黑,1 表示白,只要一位。

(16)A。

【解析】发送方使用自己的私钥加密数据文件(数字签名);接收方接收到这个数字签名文件;接收方使用发送方的公钥来解密这个数字签名文件;如果能够解开,则表明这个文件是发送方发送过来的;否则为伪造的第三方发送过来的。对于发送方来讲这种签名有不可否认性。

(17)C。

【解析】防火墙无法防止内网的病毒传播,只隔离在内外网之间,无法解决内网病毒问题。

(18)D。

【解析】DDOS 的中文名叫分布式拒绝服务攻击,俗称洪水攻击,它的攻击方式有很多种,最基本的攻击就是利用合理的服务请求来占用过多的服务资源,从而使合法用户无法得到服务的响应。

(19)D。

【解析】对阶的原则是小阶对大阶,采用补码表示的尾数右移时,符号位保持不变。

(20)A。

【解析】69＝64＋4＋1,表示为 1000101。偶校验是指数据编码(包括校验位)中"1"的个数应该是偶数。因此,若除去校验位,编码中"1"的个数是奇数时,校验位应设置为 1;否则,校验位应设置为 0。本题"1000101"中有 3 个"1",所以最高位增加一个偶校验位后为"11000101"。

(21)B。

【解析】补码的符号表示法和原码相同,0 表示正数,1 表示负数。正数的补码和原码、反码相同,就是二进制数值本身。负数的补码是这样得到的:将数值部分按位取反,再在最低位加 1。补码的补码就是原码。根据此原则,那么 x 的真值应为求题目中有符号整数10101100 的补码,计算方法为:10101100 除符号位"1"外,其他数值部分按位取反,即为11010011,然后在此基础上加 1。除去符号位后的二进制为 1010011,化为十进制数进行累加,然后再加 1,即 $2^6+2^4+2^1+2^0+1=84$,前面加上负数符号,即−84。

(22)C。

【解析】10101100 化为无符号整数为 172。

(23)D。

【解析】信号量初值为 2。当有进程运行时,其他进程访问信号量,信号量就会减 1,因此最小值为 2−6＝−4。信号量 S 的变化范围为−4～2。反码为 10101011,原码为 11010100,则转化为十进制为−84。

(24)C。

【解析】一个进程从创建而产生至撤销而消亡的整个生命周期,可以用一组状态加以刻画。为了便于管理进程,一般来说,按进程在执行过程中的不同状况至少定义 3 种不同的进程状态:运行(running)态,占有处理器正在运行;就绪(ready)态,指具备运行条件,等待系统分配处理器以便运行;等待(wait)态,又称为阻塞(blocked)态或睡眠(sleep)态,指不具备运行条件,正在等待某个事件的完成。

一个进程在创建后将处于就绪状态。每个进程在执行过程中,任一时刻当且仅当处于上述三种状态之一,同时,在一个进程执行过程中,它的状态将会发生改变。下图表示进程的状态转换。

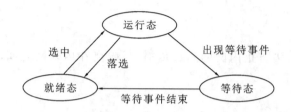

运行状态的进程将由于出现等待事件而进入等待状态,当等待事件结束之后等待状态的进程将进入就绪状态,而处理器的调度策略又会引起运行状态和就绪状态之间的切换。引起进程状态转换的具体原因如下:

运行态—等待态:等待使用资源,如等待外设传输、等待人工干预。

等待态—就绪态:资源得到满足,如外设传输结束、人工干预完成。

运行态—就绪态:运行时间片到,出现有更高优先权进程。

就绪态—运行态:CPU 空闲时选择一个就绪进程。

(25)B。

【解析】页内地址的宽度就是页面大小,共有 12 位,即 2 的 12 次方等于 4 KB。页号的宽度就是页面总数,共有 20 位,即 2 的 20 次方等于 1 MB。

(26)B。

【解析】源程序,是指未经编译的,按照一定的程序设计语言规范书写的,人类可读的文本文件。源程序通常由高级语言编写。源程序可以是以书籍或者磁带或者其他载体的形式出现,但最为常用的格式是文本文件,这种典型格式的文件便于编译出计算机可执行的程序。将人类可读的程序代码文本翻译成为计算机可以执行的二进制指令,这种过程叫作编译,由各种编译器来完成。

(27)D。

【解析】本题考查程序设计语言的基础知识。

用高级程序设计语言编写的源程序不能在计算机上直接执行,需要进行解释或编译。源程序编译后形成目标程序,再链接上其他必要的目标程序后形成可执行程序。

(28)C。

【解析】汇编语言是与机器语言对应的程序设计语言,因此也是面向机器的语言。从适用范围而言,某些程序语言在较为广泛的应用领域被使用来编写软件,因此称为通用程序设计语言,常用的如 C/C++、Java 等。

关系数据库查询语言特指 SQL,用于存取数据以及查询、更新和管理关系数据库系统中的数据。函数式编程是一种编程范式,它将计算机中的运算视为函数的计算。函数编程语言最重要的基础是演算,其可以接受函数当作输入(参数)和输出(返回值)。

(29)C。

【解析】源程序的处理步骤:预处理、编译、链接、运行。

(30)B。

【解析】首先了解一下函数调用时形参和实参的概念:

形参:全称为形式参数,是在定义函数名和函数体的时候使用的参数,它用来接收调用该函数时传入的参数。实参:全称为实际参数,是在调用时传递给该函数的参数。函数调用时基本的参数传递方式有传值与传地址两种。在传值方式下,将实参的值传递给形参,因此实参可以是表达式(或常量),也可以是变量(或数组元素),这种信息传递是单方向的,形参不能再将值传回给实参。在传地址方式下,需要将实参的地址传递给形参,因此,实参必须是变量(或数组元素),不能是表达式(或常量)。在传地址方式下,被调用函数中对形式参数的修改实际上就是对实际参数的修改,因此客观上可以实现数据的双向传递。题干涉及的引用调用就是将实参的地址传递给形参的形式。

(31)A。

【解析】要先看运算顺序,为 b−c,表示为 bc−,然后是 a∗(b−c),表示为 abc−∗,最后 a∗(b−c)+d 表示为 abc−∗d+。

(32)A。

【解析】短路计算指的是:C语言中的短路现象出现于逻辑运算中,包括逻辑与 && 和逻辑或||。

逻辑与中的短路:逻辑与运算规则为,对于 expr1 && expr2,只有当 expr1 和 expr2 同时为真(1)时,结果才为真(1)。如果 expr1 为假,那么无论 expr2 的值是什么,结果都是假。这种情况下,expr2 的值就不重要了,于是当 expr1 为 0(假)时,后续的 expr2 不会加入计算,而是被忽略,这就是逻辑与的短路现象。

逻辑或中的短路:逻辑或的运算规则为,对于 expr1 || expr2,只有当 expr1 和 expr2 同时为假(0)时,结果才为假(0),如果 expr1 为真,那么无论 expr2 的值是什么,结果都是真。这种情况下,expr2 的值就不重要了,于是当 expr1 为 1(真)时,后续的 expr2 不会加入计算,而是被忽略,这就是逻辑或的短路现象。所以此题选 A。

(33)C。

【解析】高级语言源程序中的错误分为两类,即语法错误和语义错误,其中语义错误又可分为静态语义错误和动态语义错误。语法错误是指语言结构上的错误,静态语义错误是指编译时就能发现的程序含义上的错误,动态语义错误只有在程序运行时才能表现出来。

(34)C。

【解析】由先序遍历看,E 为根结点,F 为根结点的左孩子。再看中序遍历,则左树有 I 和 E 两个子结点。那么 E 的右孩子结点为 G。

(35)C。

【解析】快速排序:通过一趟扫描将要排序的数据分割成独立的两部分,其中一部分的所有数据比另外一部分的所有数据都要小,然后再按此方法对这两部分数据分别进行快速排序,整个排序过程可以递归进行,以此达到整个数据变成有序序列。

选择排序:直接从待排序数组里选择一个最小(或最大)的数字,每次都拿一个最小数字出来,顺序放入新数组,直到全部拿完。

冒泡排序:原理是临近的数字两两进行比较,按照从小到大或者从大到小的顺序进行交换,这样一趟过去后,最大或最小的数字被交换到了最后一位,然后再从头开始进行两两比较交换,直到倒数第二位时结束。

归并排序:把原始数组分成若干子数组,对每一个子数组进行排序,继续把子数组与子数组合并,合并后仍然有序,直到全部合并完,形成有序的数组。

(36)A。

【解析】出入栈的基本原则为:先进后出,后进先出。但是此时不确定 2……n 出入栈的情况,如果 2 进栈,2 出栈,3 进栈,3 出栈……在 i 进栈后,以序列 i+1,i+2……n 依次进栈后再依次出栈,则最后出栈的为 $i(2 \leqslant i \leqslant n)$。

(37)B。

【解析】栈在程序的运行中有着举足轻重的作用。最重要的是栈保存了一个函数调用时所需的维护信息,这常常称为堆栈帧或者活动记录。

(38)C。

【解析】一个数组占 8 个字节,那么二维数组 A[7][8]共含有 7×8=56 个数组,共占用56×8=448 个字节。

(39)D。

【解析】以字符串"abcde"为例来说明,其长度为 1 的子串为"a"、"b"、"c"、"d"、"e",共 5个;长度为 2 的子串为"ab"、"bc"、"cd"、"de",共 4 个;长度为 3 的子串为"abc"、"bcd"、"cde",共 3 个;长度为 4 的子串为"abcd"、"bcde",共 2 个;长度为 5 的子串为"abcde",共 1个;空串是任何字符串的子串。本题中,空串和等于自身的串不算,子串数目共 14 个(5+4+3+2)。

(40)C。

【解析】折半搜索(half-interval search),也称为二分搜索、对数搜索,是一种在有序数组中查找某一特定元素的搜索算法。

(41)B。

【解析】在一个无向图 G 中,若从顶点 vi 到顶点 vj 有路径相连(当然从 vj 到 vi 也一定有路径),则称 vi 和 vj 是连通的。如果图中任意两点都是连通的,那么图被称作连通图。但不是任意两顶点之间都存在边。

(42)D。

(43)C。

【解析】类是对对象的抽象,对象是类的具体实例。

(44)A。

【解析】见题(45)。

(45)D。

【解析】UML 有 3 种基本的构造块,分别是事物(元素)、关系和图。事物是 UML 中重要的组成部分。关系把事物紧密联系在一起。图是很多相关的事物的组。UML 中的事物也称为建模元素,包括结构事物、动作事物(行为事物)、分组事物和注释事物。这些事物是UML模型中最基本的面向对象的构造块。

结构事物:在模型中属于最静态的部分,代表概念上或物理上的元素。

总共有七种结构事物:第一种是类,类是描述具有相同属性、方法、关系和语义的对象的集合。第二种是接口(interface),接口是指为类或组件提供特定服务的一组操作的集合。第三种是协作,协作定义了交互的操作,使一些角色和其他元素一起工作,提供一些合作的动作,这些动作比元素的总和要大。第四种是用例,用例是描述一系列的动作,这些动作是系统对一个特定角色执行,产生值得注意的结果的值。第五种是活动类,活动类的对象有一个或多个进程或线程。第六种是构件,构件是物理上或可替换的系统部分,它实现了一个接口集合。在一个系统中,可能会遇到不同种类的构件,如 DCOM 或 EJB。第七种是结点,结点是一个物理元素,它在运行时存在,代表一个可计算的资源,通常占用一些内存和具有处理能力。

(46)D。

【解析】结构型设计模式是描述如何将类对象结合在一起,形成一个更大的结构。结构模式描述两种不同的东西,即类与类的实例,故可以分为类结构模式和对象结构模式。在 GoF 设计模式中,结构型模式有:①适配器模式;②桥接模式;③组合模式;④装饰模式;⑤外观模式;⑥享元模式;⑦代理模式。

(47)C。

【解析】数据存储表示暂时存储的数据。每个数据存储都有一个名字。对于一些以后某个时间要使用的数据,可以组织成为一个数据存储来表示。

(48)D。

【解析】检查订货单需要有判定条件,因此用决策表最为合适。

(49)A。

【解析】改正性维护。由于系统测试不可能揭露系统存在的所有错误,因此在系统投入运行后频繁的实际应用过程中,就有可能暴露出系统内隐藏的错误。

(50)D。

【解析】对于 D 项,两者年龄、专业都不满足,只能够对学历进行测试,而对于年龄和专业,则不能很好地测试。

(51)D。

【解析】兼容性测试:主要是检查软件在不同的软、硬件平台上是否可以正常地运行,即软件可移植性。兼容的类型:细分为平台的兼容、网络兼容、数据库兼容,以及数据格式的兼容。兼容测试的重点:对兼容环境的分析。通常,在运行软件的环境不是很确定的情况下,才需要做兼容性测试。

(52)C。

【解析】图标设计的准则有:

①定义准确形象:icon 也是一种交互模块,只不过通常以分割突出界面和互动的形式来呈现。

②表达符合的行为习惯:在表达定义的时候,首页要符合一般使用的行为习惯。

③风格表现统一:风格是一种具备独有特点的形态,具备差异化的思路和个性。

④使用配色的协调:给 icon 添加颜色是解决视觉冲击力的一种表现手段。

(53)D。

【解析】计算机程序解决问题的过程:提供需求—需求分析—总体设计—详细设计—编码—单元测试—集成测试—试运行—验收。

(54)A。

【解析】云计算支持用户在任意位置、使用各种终端获取应用服务。所请求的资源来自云,而不是固定的有形的实体。应用在云中某处运行,但实际上用户不需了解,也不用担心应用运行的具体位置。只需要一台笔记本或者一部手机,就可以通过网络服务来实现我们需要的一切,甚至包括超级计算这样的任务。

(55)B。

【解析】概念设计是由分析用户需求到生成概念产品的一系列有序的、可组织的、有目标的设计活动,它表现为一个由粗到精、由模糊到清晰、由抽象到具体的不断进化的过程。

(56)D。

【解析】数据独立性是指应用程序和数据之间相互独立、不受影响,即数据结构的修改不会引起应用程序的修改。数据独立性包括物理数据独立性和逻辑数据独立性。物理数据独立性是指数据库物理结构改变时不必修改现有的应用程序。逻辑数据独立性是指数据库逻辑结构改变时不用改变应用程序。视图可以被看成是虚拟表或存储查询。可通过视图访问的数据不作为独特的对象存储在数据库内。数据库实体的作用是逻辑数据独立性。视图可帮助用户屏蔽真实表结构变化带来的影响。

(57)D。

【解析】一个教师讲授多门课程,一门课程由多个教师讲授,因此一个 T 对应多个 C,一个 C 对应多个 T,因此应该是 n∶m(多对多)关系。

(58)B。

【解析】一个院系有多名教师,就是一个 D 对应多个 T,一个教师只属于一个院系,就是一个 T 对应一个 D,因此 D 和 T 之间是 1∶n(1 对多)的关系。

(59)C。

【解析】"教师号"唯一标识 T 中的每一个元组,因此"教师号"是 T 目前的主键。而 T 中的教师号和身份证号是可以唯一识别教师的标志,因此"身份证号"是 T 的候选键。本题选 C。主关键字(primary key)是表中的一个或多个字段,它的值用于唯一地标识表中的某一条记录。在两个表的关系中,主关键字用来在一个表中引用来自另一个表中的特定记录。主关键字是一种唯一关键字,表定义的一部分。一个表的主键可以由多个关键字共同组成,并且主关键字的列不能包含空值。主关键字是可选的。

(60)A。

【解析】如果公共关键字在一个关系中是主关键字,那么这个公共关键字被称为另一个关系的外键。由此可见,外键表示了两个关系之间的相关联系。以另一个关系的外键做主关键字的表被称为主表,具有此外键的表被称为主表的从表。外键又称作外关键字。T、C、D 之间按照教师号可以进行关联。因此,教师号是 T 的外键。

(61)B。

【解析】工作量为 1,正常速度为 1/20,现在还剩 0.6,因此还需要 0.6/(1/20)天=12 天,因此要推迟 2 天完工。正常花费为 4 万元,现在还有 60% 未完成,因此还需要 0.6×4 万元=2.4 万元,因此需要增加费用 4000 元。

(62)C。

【解析】代入法:如果是区域的一个顶点,那么满足题干的五个条件,同时也会使 x+y=6,2x+y=7,x+2y=8 中的两个等式成立。因此,可以考虑把四个点的坐标带入以上条件进行检验:A 选项满足 x+y=6 和 2x+y=7,但是不满足 x+2y≤8;B 选项不满足三个等式;C 选项满足 2x+y=7 和 x+2y=8,也满足其他条件;D 选项只满足 2x+y=7。

(63)C。

【解析】可以把 A 作为一个直角坐标系的原点,X 轴是从左到右递增,Y 轴是从上到下递增。如果 E 大于 A,那么 E 应该在 A 的右侧或者在 A 的下侧。因此,可能在子矩阵 B、C 或者 D 中。

(64)B。

【解析】size number_of_char 定义输入字段的宽度。

(65)B。

【解析】为了数据传输的安全,HTTPS 在 HTTP 的基础上加入了 SSL 协议,SSL 依靠证书来验证服务器的身份,并为浏览器和服务器之间的通信加密。SSH 为 secure shell 的缩写,由 IETF 的网络小组所制定;SSH 为建立在应用层基础上的安全协议。SSH 是目前较可靠,专为远程登录会话和其他网络服务提供安全性的协议。利用 SSH 协议可以有效防止远程管理过程中的信息泄露问题。

(66)C。

【解析】PING 发送一个 ICMP(Internet control messages protocol),即因特网信报控制协议;回声请求消息给目的地并报告是否收到所希望的 ICMPecho(ICMP 回声应答)。它是用来检查网络是否通畅或者网络连接速度的命令。

(67)A。

【解析】SMTP 是一种 TCP 协议支持的、提供可靠且有效电子邮件传输的应用层协议。

(68)A。

【解析】每一个字节都为 0 的地址(0.0.0.0)对应于当前主机,即源地址。

(69)B。

【解析】见题(70)。

(70)D。

【解析】Windows 中系统对用户的默认权限情况如下:

administrators 中的用户对计算机/域有不受限制的完全访问权。分配给该组的默认权限允许对整个系统进行完全控制。

power users:高级用户组,可以执行除了为 administrators 组保留的任务外的其他任何操作系统任务。

users:普通用户组,这个组的用户无法进行有意或无意的改动。

Everyone:所有的用户,这个计算机上的所有用户都属于这个组。

guests:来宾组,来宾组跟普通组 users 的成员有同等访问权,但来宾账户的限制更多。

(71)B。

(中文题目)( )接受由文本和/或图像组成的文档,并将其转换为机器可读形式。

A. 打印机   B. 扫描仪   C. 鼠标   D. 键盘

【解析】扫描仪通常被用于计算机外部仪器设备,通过捕获图像并将之转换成计算机可以显示、编辑、存储和输出的数字化输入设备。

(72)A。

(中文题目)( )操作系统用于诸如智能手机的手持设备。

A. 移动   B. 桌面

C. 互联网   D. 分时

(73)C。

(中文题目)推动操作将项目添加到( )顶部。

A. 线性表   B. 树状图

C. 栈   D. 数据结构

【解析】栈(stack)又名堆栈,它是一种运算受限的线性表。其限制是仅允许在表的一端进行插入和删除运算。这一端被称为栈顶,相对地,把另一端称为栈底。向一个栈插入新元素又称作进栈、入栈或压栈,它是把新元素放到栈顶元素的上面,使之成为新的栈顶元素;从一个栈删除元素又称作出栈或退栈,它是把栈顶元素删除掉,使其相邻的元素成为新的栈顶元素。

(74)B。

(中文题目)( )是表示诸如计算机程序或文档之类的项目的小图片。

A. 菜单   B. 图标

C. 超链接   D. 对话框

【解析】一个图标是一个小的图片或对象,代表一个文件、程序网页或命令。图标有助于用户快速执行命令和打开程序文件。单击或双击图标以执行一个命令。图标也用于在浏览器中快速展现内容。所有使用相同扩展名的文件具有相同的图标。

(75)C。

(中文题目)( )的目标是为计算资源和 IT 服务提供轻松、可扩展的访问。

A. 人工智能   B. 大数据

C. 云计算   D. 数据挖掘

【解析】云计算是一种按使用量付费的模式,这种模式提供可用的、便捷的、按需的网络访问,进入可配置的计算资源共享池(资源包括网络、服务器、存储、应用软件、服务),这些资源能够被快速提供,只需投入很少的管理工作,或与服务供应商进行很少的交互。

(二)下午试卷

第1题参考答案：

(1)n；

(2)j－1→j；

(3)i＋1→i；

(4)j；

选择 C。

【解析】

可以看出，元素查找的过程为从右上角开始，往右或者往下进行查找。因此，初始值 i＝1，j＝n，所以第一空填 n；如果查找值小于右上角值，则往右移动一位再进行比较。所以，第二空填 j－1→j。接下来是判断什么时候跳出循环。此时，终止循环的条件是：j＝0，也就是其从最右端移到了最左端；再看 X＜A[i，j]不成立时，执行流程的右支。此时，也就是说，第一行的最大值都小于查找值，因此需往下移动一行。所以第三空填 i＋1→i，第四空填 j。

第2题参考答案：

(1)ipaddr；

(2)curVal＊10；

(3)p＋＋；

(4)decNum＋＋；

(5)decNum＝＝4 && dotNum＝＝3。

【解析】

此题判断 IPv4 地址是否合法，主要是根据其每个十进制数的大小和总个数以及"."的个数来进行判别。首先用 isdigit 函数判断是否为十进制数，是则保留值。指针移到地址的下一个字符。每找到一个十进制数都需要和前一次找到的值进行组合，即前一次的结果要乘以 10。每找完一个完整数字和"."都需要记录，所以要有 decNum＋＋和 dotNum＋＋。

最后，如果 IP 地址正确，则返回 1，即 decNum＝4 和 dotNum＝3 时成立。

第3题参考答案：

(1)i＋1；

(2)(j＝＝T.length)；

(3)(S,T,pos)；

(4)i－T.length；

(5)S—＞length －T.length。

【解析】

C 函数 1 为字符串匹配运算，算法为：先判断字符串 S 和 T 的长度，如果为空则不用循环，另外，如果字符串 S 的长度＜字符串 T 的长度，那么字符串 S 中也不可能含有字符串 T，也无须进行匹配。当上述情况都不存在时，就需要进行循环，即从 S 的第一个字符开始，与 T 的第一个字符进行比较，如果相等，则 S 的第二个字符和 T 的第二字符进行比较，再相等就再往后移动一位进行比较，依次直到字符串 T 的结尾，也就是说 j＝T.length。

当某一个字符与 T 的字符不相等时,那么字符串 S 就往下移一位,再次与 T 的第一个字符进行比较,此时 j 恢复初始值,j=0。

C 函数 2 为字符串的删除运算。首先,要调用函数 indexStr,需要三个参数,即字符串 S、字符串 T 和 pos。然后,删除的字符串的位置为删除初始点的位置到其位置点+字符串 T 的长度,并将后面的字符串前移。而删除 T 字符串后,字符串 S 的总长度变化,需减去字符串 T 的长度。

第 4 题参考答案:

(1)Q->rear->next=p;

(2)Q->rear=p;

(3)Q->rear->next;

(4)p->next;

(5)Q->rear==p 或 Q->rear->next==p->next 或 Q->size==1。

【解析】

本题考查 C 语言中指针与链表的知识,为入队列和删除队列问题。

对于入队列,当队列 Q 不为空时,p 的队尾 t 要指向原 Q 的队尾指向的元素,Q 的队尾要指向 p,即 Q->rear->next=p。当队列 Q 为空时,插入 p 元素,则 p 的队尾指向 p 自身,即 p->next=p,且整个队列 Q 的队尾也是 p,即 Q->rear=p。

对于队列删除元素 p,先判断 Q 是否为空,为空队列则返回 ERROR;if(0==q->size)即空队列,return ERROR;另外 p 指向队头元素结点,队头元素结点可用 Q->rear->next 表示。此时 p 转化为头结点,p 出列,则需要 Q 的队尾指向 p 的下一个元素,因此第(4)空填 p->next。最后,判断被删除的队头结点是不是队列中的唯一结点,可采用 Q->rear==p 或 Q->rear->next==p->next 或 Q->size==1 等表示。

第 5 题参考答案:

(1)public abstract;

(2)public abstract;

(3)extends;

(4)extends;

(5)equals(name);

(6)new NullCustomer();

(7)cf=new CustomerFactory()。

【解析】

本题考查 Java 程序设计客户关系管理系统。

(1)public abstract 定义可访问方法。

(3)extends 继承 Customer 类。

(5)equals(name) 判断名字是否在数组集合内。

(6)new NullCustomer() 当不满足条件时创建一个空对象。

(7)cf=new CustomerFactory()实例化对象 cf。

第 6 题参考答案：

（1）virtual；

（2）virtual；

（3）public Customer；

（4）public Customer；

（5）compare(name)==0；

（6）new NullCustomer()；

（7）cf=new CustomerFactory()。

【解析】

本题考查使用 C++代码解决实际问题。

在 C++中，动态绑定是通过虚函数来实现的。该题用到了虚函数，所以要在成员函数原型前加一个关键字 virtual，因此第（1）、（2）空都填 virtual；类 RealCustomer 和类 NullCustomer 是类 Customer 的派生类，因此第（3）、（4）空都填 public Customer；第（5）空进行数据库中人名的对比，所以此处填 compare(name)==0；第（6）空与前面语句是相反的，一个是返回 new RealCustomer(name)，所以此处应填 new NullCustomer()；第（7）空，用工厂创建对象，所以此处填 cf=new CustomerFactory()。